이해평

소화약제

Fire Extinguishing Agent

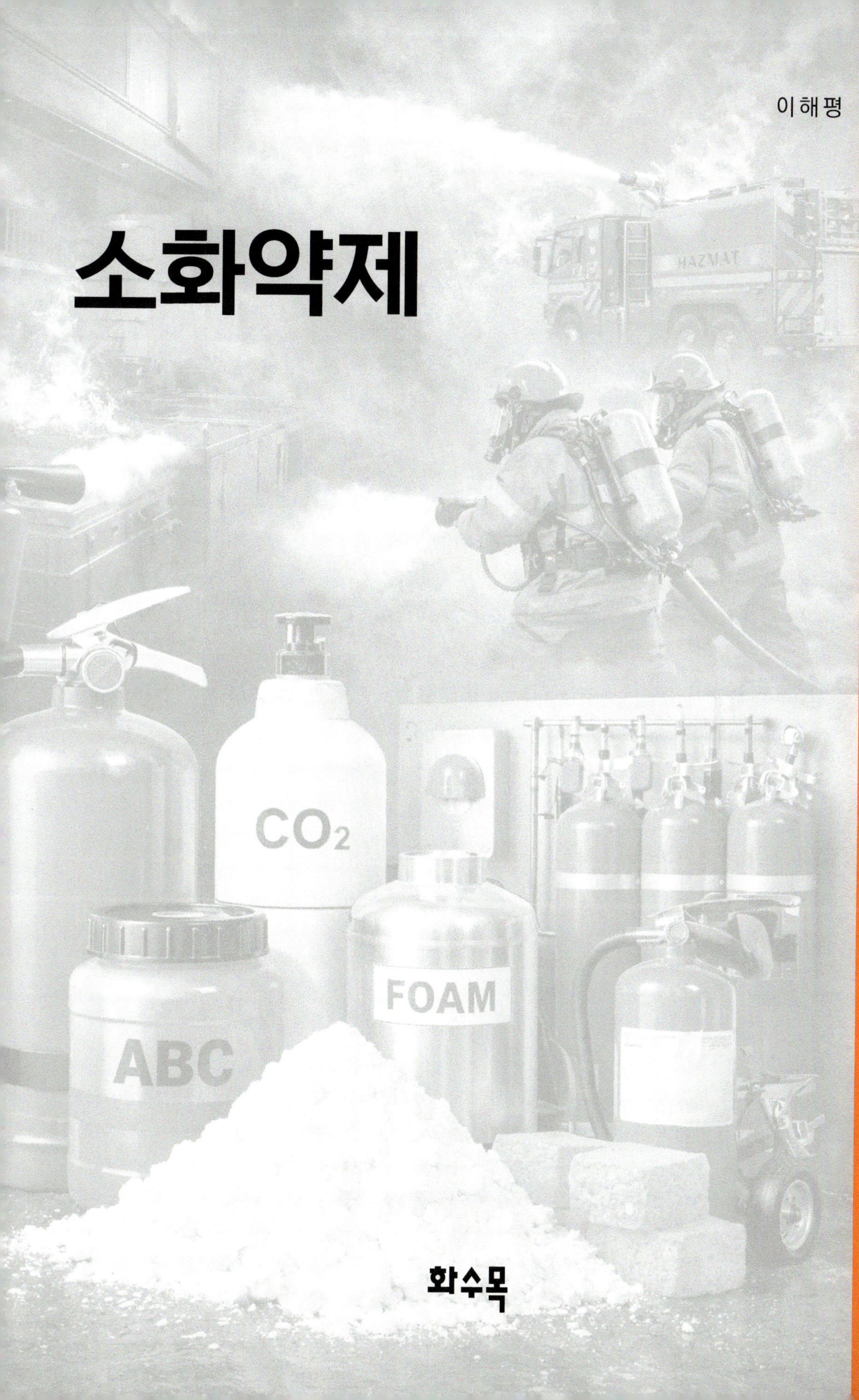

화수목

Preface

소방 공학을 공부하는 학생 여러분, 그리고 소화약제에 관심을 두고 계신 독자 여러분, 반갑습니다!

이 책을 집필하게 된 가장 큰 이유는 국내외적으로 소화약제만을 전문적으로 다룬 교재가 많지 않기 때문입니다. 소화약제는 화재를 진압하고 피해를 최소화하는 데 필수적인 요소지만, 기존의 교재들은 소화약제와 소화설비를 함께 다루는 경우가 많아 소화약제 자체를 깊이 있게 학습하는 데 어려움이 있었습니다. 이에 따라, 소화약제에만 초점을 맞추어 보다 체계적이고 쉽게 접근할 수 있도록 구성하였습니다.

이 책은 1부, 2부, 3부로 나누어 소화약제의 기초 개념부터 실무 적용까지 자연스럽게 이해할 수 있도록 구성하였습니다.

먼저 1부에서는 소화약제의 기초이론을 다루어 연소와 화재의 기본 원리를 설명하고, 소화가 이루어지는 원리를 체계적으로 정리하였습니다.

2부에서는 소화약제 종류별 특성을 분석하여 물, 포, 가스계, 분말, 특수 소화약제 등 다양한 종류의 소화약제의 성질과 소화 메커니즘을 설명합니다.

마지막으로 3부에서는 소화약제의 안전성, 환경적 영향, 법규 및 미래 연구 동향을 다루어 학생들이 변화하는 기술과 최신 경향을 쉽게 따라갈 수 있도록 하였습니다.

특히 이 책은 소화약제와 소화설비를 명확히 구분하고, 소화약제 자체의 원리와 특성에 집중하였습니다. 기존 교재에서는 소화설비와 소화약제를 함께 설명하는 경우가 많아 소화약제의 개별적 특성과 응용을 학습하는 데 한계가 있었습니다. 따라서 본 교재에서는 소화약제의 물리·화학적 특성, 소화 메커니즘, 적용할 수 있는 화재 유형 등 핵심 개념을 깊이 있게 다루되, 소화설비와의 관계는 필요할 때 보충하는 방식으로 최소한으로 언급하였습니다. 이를 통해 학습의 흐름을 더 명확하게 하고, 독자들이 소화약제의 개념과 활용을 더욱 직관적으로 이해할 수 있도록 하였습니다.

또한, 법규나 기술기준은 지속해서 개정되기 때문에, 책에 모든 내용을 담기보다는 최신 정보를 온라인 자료와 연계하여 학습자가 최신 데이터를 쉽게 확인할 수 있도록 구성하였습니다. 이를 통해 독자들이 변화하는 법규와 기술 동향을 지속해서 업데이트할 수 있도록 하였으며, 실무에서도 활용할 수 있는 유용한 자료가 되도록 하였습니다.

이 책은 학생들의 학습 부담을 줄이면서도, 실무에서 활용할 수 있는 실용적인 내용을 담는 것을 목표로 하였습니다. 소화약제의 원리를 단순히 외우는 것이 아니라, 어떤 약제가 왜 필요한지, 어떤 특성이 있는지, 실제 화재에서 어떻게 적용되는지를 이해할 수 있도록 사례와 설명을 최대한 쉽게 풀어 쓰려고 노력하였습니다. 또한, 최신 연구 동향과 친환경 소화약제 개발, 나노소재 및 신기술 적용 사례 등도 포함하여 미래의 소화약제 산업이 나아갈 방향을 엿볼 수 있도록 구성하였습니다.

소화약제는 단순한 화재 진압용 물질이 아니라, 우리 생활과 산업에서 필수적인 안전 요소입니다. 건축물, 데이터센터, 산업시설 등 다양한 환경에서 적절한 소화약제를 선택하고 활용하는 것은 화재 피해를 줄이고 인명과 재산을 보호하는 데 매우 중요한 역할을 합니다. 특히, 전자장비, 화학물질 저장소, 청정실 등의 특수 환경에서는 일반적인 소화 방식이 적용되지 않기 때문에, 적절한 소화약제를 이해하고 선택하는 것이 필수적입니다.

또한, 최근 들어 환경친화적인 소화약제의 중요성이 점점 커지고 있습니다. 기존 소화약제 중 일부는 오존층 파괴와 지구온난화 문제를 유발할 수 있어 국제적으로 사용이 제한되고 있으며, 이를 대체할 수 있는 친환경 소화약제와 최신 소화 기술 개발이 활발히 이루어지고 있습니다. 따라서, 이 책에서는 이러한 최신 동향을 반영하여 학생들이 앞으로의 소화약제 연구 및 실무에서 활용할 수 있도록 하였습니다.

이 책이 단순한 학습 교재를 넘어, 소방 공학을 공부하는 학생들과 실무 종사자들에게 실질적인 도움을 줄 수 있는 자료가 되기를 바랍니다. 또한, 소방 분야에 관한 관심을 높이고, 더 나아가 새로운 소화약제 개발과 연구에 이바지할 수 있는 계기가 되었으면 합니다.

이 책이 출판될 수 있도록 아낌없는 협조와 지원을 해주신 도서출판 화수목의 임정대 부장님을 비롯한 모든 임직원 여러분께 진심으로 감사의 말씀을 전합니다. 학문과 실무의 가교역할을 하는 이 교재가 독자 여러분에게 유용한 길잡이가 되기를 바라며, 지속적인 연구와 관심 속에서 더욱 발전된 소화약제 기술이 나오기를 기대합니다.

Contents

PART 01 기초이론

PART 02 소화약제 종류별 특성

Contents

Chapter 11 법규 및 인증 제도

Chapter 12 소화약제의 미래와 연구 동향

부록

PART 01

기초이론

CHAPTER 01 소화약제 개론

학습목표

- 소화약제의 개념과 필요성을 이해한다.
- 소화약제의 발전 과정을 바탕으로 현대 소화약제의 동향을 파악한다.
- 소화약제 선택 시 고려해야 할 요소와 미래 발전 방향을 분석한다.

1 소화약제의 정의와 개념

1.1 소화약제의 개념

소화약제란 화재를 진압하거나 억제하기 위해 사용되는 물질로, 물리적 또는 화학적 작용을 통해 연소를 차단하는 역할을 한다. 소화약제는 화재의 성격과 대상 물질에 따라 적절하게 선택해야 하며, 효율적인 소화 효과를 위해 다양한 기술이 적용된다.

소화약제는 다음과 같은 기능을 수행하며, 이는 각각의 화재 유형과 환경에 맞춰 조합하여 사용된다.

- **연소 억제 (Inhibition)**: 연소 반응에 필요한 화학적 과정(자유 라디칼 반응)을 방해하여 불꽃을 억제한다.
- **냉각 효과 (Cooling)**: 열을 흡수하여 연소 물질의 온도를 발화점 이하로 낮춰 화재를 진압한다.
- **산소 차단 (Smothering)**: 연소에 필요한 산소 공급을 제한하여 불길을 멈춘다.
- **연소 생성물 희석 (Dilution)**: 유독가스나 연기를 희석하여 인체와 환경에 미치는 피해를 줄인다.

1.2 소화약제의 종류

소화약제는 성분과 작용 방식에 따라 다음과 같이 분류할 수 있다.

1. 수계 소화약제 (Water-based Fire Extinguishing Agent)

- **특징**: 물을 기반으로 한 소화약제로, 냉각 효과를 이용하여 화재를 진압한다.
- **적용 분야**: 일반 A급 화재(목재, 종이, 직물 등)에서 효과적이다.
- **장점**: 경제적이며 친환경적이고 쉽게 조달 가능하다.
- **단점**: 전기화재 및 유류 화재에는 적합하지 않으며, 물로 인한 2차 피해(재산 손실, 부식)가 발생할 수 있다.
- **응용**: 미분무수 시스템 (Water Mist)이 개발되어 전기화재에도 적용 가능하도록 개선됨.

표 1.1 소화약제 종류별 특성 비교표

소화약제 유형	소화 원리	장점	단점	주요 적용 사례
수계 소화약제 (Water-based)	냉각 질식	경제적이며 쉽게 구할 수 있음 높은 냉각 효과 친환경적	전기화재 및 유류화재에 부적합 2차 피해(물손상) 우려	건물 화재, 공장, 목재·종이 화재, A급 화재
포 소화약제 (Foam-based)	질식 냉각 증기 차단	유류 화재(B급) 진압에 효과적 연소 표면을 덮어 재발화 방지 넓은 범위 커버 가능	전기화재에 부적합 장비 유지·관리 필요 일부 포 소화약제는 환경 문제 발생 가능(PFAS)	유류 저장소, 항공기 격납고, 화학 공장, B급 화재
가스계 소화약제 (Gas-based)	질식 연소 억제	전자기기 손상 없음 잔여물이 없어 청소 불필요 공간 전체에 효과적	개방된 공간에서는 효과 미비 일부 가스계 소화약제는 인체 유해 가능 (CO_2) 초기 설치 비용 높음	데이터센터, 서버실, 문화재, 전기실, C급 화재
분말 소화약제 (Powder-based)	연소 억제 화학적 차단	다목적용 (A, B, C급 화재 대응) 신속한 소화 효과 가격이 저렴하고 보관 용이	잔류물로 인한 기기 오염 우려 환기 필요 금속 화재(D급)에는 특수 분말 필요	차량용 소화기, 산업 현장, 주택 및 상업시설, A·B·C급 화재
특수 소화약제 (Special Agents)	연소 억제 냉각 특수 환경 대응	특정 화재 유형(금속 화재, 배터리 화재 등)에 효과적 맞춤형 대응 가능 최신 기술 적용 가능(나노소재, AI 기반)	가격이 비쌈 일부 약제는 상용화 단계 특정 환경에서만 사용 가능	우주선, 전기차 배터리 화재, 반도체 공장, D·K급 화재

2. 포 소화약제 (Foam Fire Extinguishing Agent)

- **특징**: 기체와 액체의 혼합으로 거품을 형성하여 연소 표면을 덮고 산소 공급을 차단한다.
- **적용 분야**: 유류 화재(B급), 화학공장 및 산업시설에서 주로 사용된다.
- **장점**: 유류 화재의 재발화를 방지하며, 넓은 면적에 적용 가능하다.
- **단점**: 발포 장비가 필요하며, 수성막포(AFFF, Aqueous Film Forming Foam)와 같은 일부 포 소화약제는 과불화화합물 (PFAS, Per- and Polyfluoroalkyl substances) 환경 문제를 일으킬 수 있다.

3. 가스계 소화약제 (Gaseous Fire Extinguishing Agent)

- **특징**: 불활성기체 또는 화학반응을 이용하여 연소를 질식시키거나 억제하는 방식이다.
- **적용 분야**: 데이터센터, 박물관, 발전소 등 물이나 분말을 사용할 수 없는 곳
- **장점**: 잔여물이 남지 않아 전자기기에 손상을 주지 않는다.
- **단점**: 밀폐된 공간에서만 효과적이며, 인체 유해성을 고려해야 한다.

예시 이산화탄소(CO_2), 할론(Halon), 대체 할론(HFCs, FK-5-1-12)

4. 분말 소화약제 (Dry Powder Fire Extinguishing Agent)

- **특징**: 미세한 고체 분말이 연소 반응을 차단하는 방식
- **적용 분야**: 가정용 소화기(A, B, C급 화재), 차량, 공장
- **장점**: 다양한 화재에 적용 가능하며, 신속한 소화 효과를 갖는다.
- **단점**: 분말이 잔류하여 기기를 오염시키거나 부식을 유발할 수 있다.

5. 특수 소화약제 (Special Fire Extinguishing Agent)

- **특징**: 특정 화재 유형이나 환경에 대응하기 위한 맞춤형 약제
- **적용 분야**: 리튬이온배터리 화재, 우주선 내부, 군사 시설 등
- **장점**: 기존 소화약제로 대응하기 어려운 화재에 효과적
- **단점**: 개발 및 적용 비용이 높고, 일부 기술은 검증 단계에 있다.

1.3 소화 메커니즘

소화는 연소의 4요소(가연물, 산소, 열, 화학반응) 중 하나 이상을 차단함으로써 이루어진다.

1. 냉각 (Cooling)

- **원리**: 물과 같은 액체가 연소 물질의 온도를 발화점 이하로 낮춰 연소를 멈춘다.
  예시 스프링클러 시스템, 미분무수 소화 시스템

2. 질식 (Smothering)

- **원리**: 연소 표면을 덮어 산소 공급을 차단한다.
  예시 수성막포 소화약제 불활성기체 소화약제(IG-100, IG-55)

3. 억제 (Inhibition)

- **원리**: 화학반응을 방해하여 연소 속도를 낮추거나 멈춘다.
  예시 할론, 분말 소화약제(ABC형, BC형)

4. 제거 (Removal)

- **원리**: 연소에 필요한 연료 자체를 제거한다.
  예시 가스 차단 시스템(산업용 가스 누출 방지)

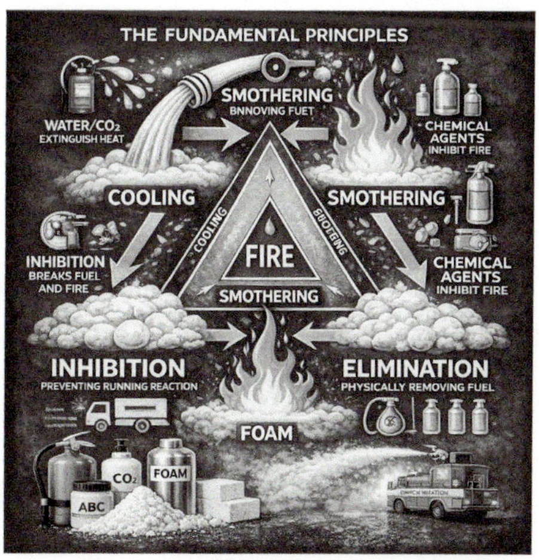

그림 1.1 소화약제 작용 방식 개요도

표 1.2 화재 유형별 소화약제 적용 방식

화재 유형	연료 종류	적용 소화약제
A급 (일반 화재)	목재, 종이, 직물	수계, 분말(ABC)
B급 (유류 화재)	휘발유, 기름	포, 가스계
C급 (전기 화재)	전기 장비	가스계, 분말(BC)
D급 (금속 화재)	마그네슘, 알루미늄	특수 분말(D형)
E급 (가스 화재)	프로페인, 뷰테인	분말(BC), 가스 차단
F급 (주방 화재)	식용유, 지방	주방용 특수 소화약제

1.4 소화약제의 중요성

소화약제는 인명 보호, 재산 보호, 환경 보호, 법적 준수 등의 측면에서 매우 중요한 역할을 한다.

- **인명 보호:** 유독가스 방출 및 화재 확산 방지
- **재산 보호:** 대형 화재로 인한 경제적 손실 방지
- **환경 보호:** 대기오염, 수질오염 예방
- **법적 준수:** 국내 소방법과 기준, ISO (International Organization for Standardization), NFPA (National Fire Protection Association) 준수

1.5 최신 연구 및 기술 동향

최근 소화약제 연구는 친환경적이고 고효율적인 대체 기술 개발에 초점을 맞추고 있다.

- **AI 기반 자동 소화 시스템:** 화재 발생 초기 감지 및 대응 기술
- **나노소재 소화약제:** 초미립자 기반으로 연소 억제 효과 향상
- **낮은 GWP 친환경 소화약제:** FK-5-1-12(NOVEC 1230) 등

2 소화약제의 역사와 발전

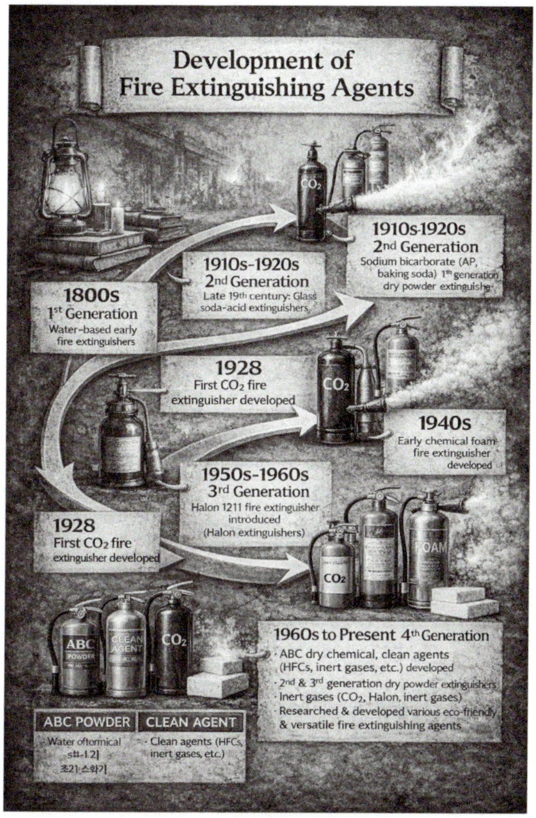

그림 1.2 소화약제 발전 연표

2.1 초기 소화 방법(~19세기)

인류가 불을 사용하기 시작하면서 화재 예방과 진압의 필요성도 함께 등장했다. 원시시대에는 자연에서 얻을 수 있는 재료를 활용하여 화재를 진압했으며, 시간이 흐르면서 체계적인 소방 기술이 발전하였다.

1. 원시적 화재 진압법

- 모래와 흙 사용 → 연소 물질을 덮어 산소 공급을 차단
- 물 사용 → 냉각 효과를 통해 화재 진압

2. 고대 및 중세 소화 기구 발전

1) 고대 유럽 및 중국

- **기원전 2세기:** 로마 제국은 '비질레스 (Vigiles)'라는 최초의 소방대를 조직하고, 가죽 양동이와 수동 펌프를 이용한 소화 기술을 도입했다.
- **중국 (명나라 시기):** 기본적인 화학반응을 활용한 소화 기구가 등장했다. 탄산수소나트륨과 산을 혼합하여 이산화탄소를 발생시켜 화재를 진압했다.

2) 중세 유럽

- 17세기 영국에서는 휴대용 소화기가 발명되어 화재 대응 속도가 향상되었다.
- 18세기 프랑스에서는 물을 분사하는 핸드펌프식 소화기가 사용되었다.

2.2 20세기 이후 소화약제 발전 과정

20세기에 들어서면서 도시화와 산업화로 인해 소방 기술이 급격히 발전하였다. 특히, 대형 화재를 효과적으로 진압하기 위한 소화약제의 연구 개발이 활발히 진행되었다.

1. 1900년대 초반: 수계 소화 방식의 정립

- 스프링클러 시스템 개발 → 19세기 말 미국에서 자동식 스프링클러 시스템이 개발되어 대형 건축물 화재 예방에 필수적인 설비로 자리 잡음
- 소화전과 소방호스 도입 → 도시 기반 시설 확충과 함께 공공 화재 진압 시스템 구축

2. 1950년대~1980년대: 할론계 소화약제의 개발 및 사용 증가

1) 할론 (Halon)의 등장과 사용 확대

- 1950년대 중반, 전기 전도성이 없고 소화 효율이 뛰어난 할론계 소화약제가 개발됨
- 특히, 컴퓨터실, 항공기, 군사 시설 등 정밀한 화재 진압이 필요한 장소에서 널리 사용됨

2) 할론 사용 증가 원인

- **효율성**: 소량으로도 강력한 소화 효과
- **안전성**: 전자 장비 및 민감한 장비에 잔류물 없이 적용 가능

3) 할론 사용 감소 원인

- 1980년대, 연구 결과 할론이 오존층을 파괴하는 물질임이 밝혀짐
- 1987년, 국제 환경 협약인 몬트리올 의정서에 의해 할론 생산 및 사용이 점진적으로 금지됨

3. 1990년대 이후: 환경 문제로 인한 친환경 소화약제 개발

1) 할론 대체 소화약제 연구

- HFCs (Hydrofluorocarbons): 오존층 파괴 영향이 적으나 지구온난화 가능성이 있어 사용이 제한됨
- **불활성기체 소화약제**: 아르곤, 질소 등으로 구성된 소화 시스템 개발
- FK-5-1-12 (NOVEC 1230): 지구온난화 지수가 낮은 친환경 약제로 주목받음

2.3 현대 소화약제의 주요 동향

현대 소화약제의 발전 방향은 친환경성, 특수 환경 대응, 자동화 시스템으로 나눌 수 있다.

1. 친환경 대체 약제 개발

- 환경 규제 강화로 인해 기존 약제 대체 필요
- 저독성, 저 잔류성 약제 개발을 통한 인체 및 환경 보호
- 지구온난화 지수(GWP)가 낮은 소화약제 연구 지속

2. 특수 환경 대응 소화약제

1) 우주 산업

무중력 상태에서의 화재 진압을 위해 액체나 분말이 아닌 가스계 약제 개발

2) 데이터센터 및 전자장비 보호

전도성이 없는 가스계 소화약제 사용 증가

3) 리튬이온배터리 화재 대응

고온 및 재발화 위험을 방지하는 나노소재 활용 연구

3. AI 기반 소화 시스템과 지능형 소화약제

1) AI 기반 화재 예측 및 감지

센서 데이터와 딥러닝을 활용하여 화재 발생 가능성을 사전에 감지

2) 자동 진압 시스템

실시간 분석을 통해 최적의 소화약제를 자동 선택 및 분사

3) IoT(사물인터넷) 연계

시설 내 각종 센서를 통해 연속적인 위험 감시 및 원격 관리 가능

2.4 최신 연구 및 법규 반영

1. 최신 연구 동향

1) AI 기반 자동 소화 시스템

- 화재 발생 초기의 미세한 온도 변화 및 연기 입자를 감지하여 신속 대응
- 기대 효과: 인명 피해 감소, 재산 손실 최소화, 소방관의 안전 확보

2) 나노소재 소화약제

- 나노입자의 특성을 활용하여 소화 효율 향상 및 재발화 방지
- 적용 분야: 리튬이온배터리, 금속 화재 등 특수 화재 대응

2. 법규 변화 및 모니터링의 중요성

국내 소방 관련 법규는 연 1~2회 개정됨으로 지속적인 모니터링이 필요하다.

1) 최신 법률과 기준 반영의 필요성

- **실무 활용성 확보**: 최신 법규를 반영해야 시설 인증 및 안전 점검 대응 가능
- **법적 책임 회피**: 법규 미준수 시 벌금 및 법적 문제 발생 가능

2) 법규 개정 모니터링 가이드라인

- **방법**: 소방청 및 관련 기관 공지 사항 정기 확인, 전문 매체 구독
- **실무 적용**: 최신 법규에 맞춰 설계, 시공, 유지보수 절차 업데이트

3 소화약제의 역할과 중요성

3.1 화재 대응에서 소화약제의 기능

소화약제는 화재가 확대되는 과정을 억제하고 피해를 최소화하기 위해 사용되며, 각 약제의 작용 원리는 다르지만, 궁극적인 목표는 연소 반응을 차단하는 것이다.

1. 연소 억제

- **원리**: 연소 과정에서 발생하는 자유 라디칼을 포획하여 화학반응을 방해함으로써 불꽃을 제거한다.
- **적용 약제**: 할론계 소화약제, HFCs, 분말 소화약제
- **대표 사례**: 전산실 및 전자장비 보호를 위한 HFC-227ea(할로트론) 적용

2. 냉각 효과

- **원리**: 연소 물질의 온도를 발화점 이하로 낮추어 연소를 지속할 수 없도록 만든다.
- **적용 약제**: 물, 미분무수, 특정 화학 냉각제
- **대표 사례**: 스프링클러 시스템을 이용한 건물 내 화재 진압

3. 산소 차단(질식 효과)

- **원리**: 산소 농도를 감소시키거나 연소 면을 덮어 산소 공급을 차단함으

로써 화재를 억제한다.

- **적용 약제**: 포 소화약제, 불활성기체계 소화약제(IG-541, CO_2)
- **대표 사례**: 유류 화재에서 포 소화약제를 활용하여 화재 확산 방지

4. 유해가스 희석

- **원리**: 연소 과정에서 발생하는 유독가스를 희석하거나 화학적으로 중화하여 2차 피해를 줄인다.
- **적용 약제**: 불활성기체계 소화약제(IG-100, IG-55)
- **대표 사례**: 데이터센터 내 가스계 소화 시스템을 통한 전자장비 보호

3.2 소화약제 선택 시 고려 요소

소화약제 선택 시에는 화재 유형뿐만 아니라, 인체 및 환경에 미치는 영향을 종합적으로 고려해야 한다.

1. 효율성

- **소화 성능**: 화재의 유형에 따른 소화약제의 효과성
- **응답 시간**: 소화 시스템 작동 후 약제가 실제 효과를 내기까지의 속도
- 적용 범위: 특정 소화 시스템이 적용될 수 있는 환경의 크기 및 특성

2. 안전성

- **인체 독성**: 소화약제의 방출 시 인체에 유해한 영향을 미치는 정도 (예 CO_2의 질식 위험)
- **잔류물 영향**: 소화약제가 사용된 후 남은 잔여물이 설비, 기기 및 환경에 미치는 영향
- **화학 반응성**: 특정 화재 유형에서 화학적으로 반응하여 새로운 위험 요소를 생성하는 가능성

3. 환경성

- **오존층 파괴 지수(ODP, Ozone Depletion Potential)**: 할론 등의 특정 약제가 오존층에 미치는 영향

- **지구온난화 지수(GWP, Global Warming Potential)**: 온실가스를 유발하는 화학물질의 영향력
- **생분해성**: 소화약제가 환경에서 자연적으로 분해되는 속도 및 안전성

4. 비용 효율성

- **초기 설치 비용**: 소화 시스템의 구축에 필요한 자본 투자
- **운영 및 유지보수 비용**: 정기 점검, 소화약제 교체 등에 필요한 유지비용
- **수명 주기 비용(LCC, Life Cycle Cost)**: 시스템이 정상적으로 작동하는 전체 기간 동안 소요되는 총비용

3.3 미래의 소화약제 발전 필요성

소화약제 기술은 기존 화재 대응 방식의 한계를 극복하고, 지속 가능한 방식으로 발전해야 한다.

1. 환경 문제 대응

- **국제 규제 준수**: 몬트리올 의정서 및 교토 의정서 등의 환경 협약에 따른 친환경 소화약제 개발 필요
- **친환경 약제 개발**: 오존층 파괴 및 지구온난화 지수가 낮은 물질을 기반으로 한 신기술 연구 증가

2. 산업 요구사항 충족

- **신기술 도입**: 리튬이온배터리, 수소 연료전지 등 새로운 연소 원리에 맞춘 소화 시스템 개발 필요
- **고밀도 설비 안전성 확보**: 데이터센터, 스마트 공장 등 첨단 산업 시설의 화재 예방 및 대응 전략 강화

3. AI와 융합한 지능형 소화 시스템

- **예측적 유지보수**: 센서를 활용한 화재 감지 및 예방 시스템 강화
- **자율 소화 시스템**: 화재 발생 시 자동으로 가장 적절한 소화약제를 선택 및 방출하는 스마트 소화 시스템 연구 활성화

3.4 소화약제와 소화설비의 관계

소화약제는 단순히 화재를 진압하는 물질이 아니라, 특정 환경에서 효과적으로 작동하도록 설계된 소화설비와의 조합이 필수적이다.

표 1.3 소화설비 유형에 따른 적용 소화약제

소화설비 유형	적용 소화약제	적용 환경
스프링클러 시스템	수계 소화약제	일반 건물, 공장, 창고
가스 소화설비	CO_2, 불활성기체	데이터센터, 전산실, 문화재
포 소화설비	포 소화약제	유류 저장소, 항공기 격납고
미분무수 시스템	미분무수	발전소, 고층 건물
분말 소화기	ABC 분말 소화약제	가정, 차량, 사무실

3.5 국제 표준과 협약

1. 몬트리올 의정서

- **내용:** 오존층을 보호하기 위해 오존층 파괴 물질의 생산 및 사용을 규제
- **영향:** 할론계 소화약제의 생산 금지, HFC 및 불활성기체 소화약제 개발 촉진

2. 교토 의정서

- **내용:** 온실가스 배출 감소를 위한 국제 협약
- **영향:** 지구온난화 지수가 높은 소화약제(HFCs) 사용 제한, 친환경 대체물질 개발 장려

3. 국제 소방 표준 (NFPA, ISO 등)

- **내용:** 소화약제 및 소화설비의 설계, 설치, 유지보수에 대한 글로벌 표준 제공
- **영향:** 글로벌 시장에서 제품의 호환성 확보 및 산업별 맞춤형 소화 시스템 적용 가능

연습문제

01 소화약제의 정의와 일반 화학물질과의 차이점을 설명하시오.

02 실제 사례를 통해 소화약제가 필요한 이유를 서술하시오.

03 소화의 기본 원리 네 가지를 설명하고, 각 원리에 해당하는 소화약제를 제시하시오.

04 화재 유형별 적합한 소화약제 선택 방법을 논하시오.

05 소화약제 선택 시 고려 요소들을 상세히 설명하고, 실제 적용에서의 균형점을 논의하시오.

06 환경 규제가 소화약제 산업에 미친 영향과 친환경 약제 개발의 중요성을 논하시오.

07 미래 소화약제 기술 발전의 필요성을 환경 문제 및 산업 요구사항과 연계하여 설명하시오.

08 소화약제와 소화설비의 관계 및 상호 보완적 작동을 위한 고려 사항을 논하시오.

09 법규 개정 모니터링의 중요성과 실무 적용 방법에 대해 논하시오.

10 AI 기반 소화 시스템의 장점과 한계점을 기술하고, 기존 시스템과의 통합 방안을 논하시오.

11 나노소재 소화약제의 원리와 리튬이온배터리 화재 대응 방안을 설명하시오.

12 국제 협약이 소화약제 개발과 사용에 미친 영향을 논하시오.

참고문헌

- 한국소방산업기술원(KFI). (2023). 최신 소화약제 기술과 동향.
- NFPA (National Fire Protection Association). (2022). Fire Protection Handbook.
- 김영수 외. (2021). 소방공학 개론. 서울: 소방과학연구소.
- 이승민, 박현준. (2022). "AI 기반 소화 시스템의 발전과 적용 사례".소방기술논문집, 15(2), 45-57.
- 정다은. (2023). "나노소재를 활용한 소화약제의 효율성 연구".화재안전학회지, 29(1), 33-42.
- 소방청. (2023). 최신 소방 관련 법규 및 기준. [온라인] https://www.nfa.go.kr

CHAPTER 02

연소와 화재

학습목표

- 연소의 기본 원리 및 화학반응을 이해한다.
- A, B, C, D, K 화재의 특성과 차이점을 구별한다.
- 연소한계와 폭발범위 개념을 설명하고, 실제 적용 사례를 파악한다.
- 연소 과정에서 발생하는 유해가스를 분석하고, 안전 대책을 모색한다.
- 화재 확산 메커니즘을 이해하고 제어 방안을 학습한다.
- 다양한 산업 및 환경에서의 화재 예방 및 진압 방법을 탐구한다.

1 연소의 원리 및 화학반응

1.1 연소의 3요소 vs 4요소

연소는 기본적으로 가연물, 산소(공기), 점화원의 3요소가 충족될 때 발생한다. 하지만 화학 반응의 중요성이 강조되면서 연소의 4요소 개념이 도입되었다.

1. 연소의 3요소

- 가연물(Fuel): 불이 붙을 수 있는 물질로서, 고체, 액체, 기체 상태로 존재할 수 있다. 대표적인 예로는 목재, 종이, 석유, 가스 등이 있다.
- 산소(Oxygen): 연소를 지속시키는 역할을 하며, 일반적으로 공기 중의 21%를 차지하는 산소가 주요 공급원이다.
- 점화원(Ignition Source): 연소가 시작하도록 필요한 에너지를 공급하는 요소로서, 전기 스파크, 마찰, 화염, 고온 표면 등이 포함된다.

2. 연소의 4요소

연소의 3요소에 추가적으로 화학반응(Chemical Chain Reaction)이 포함되며, 이 반응이 지속해서 일어나야 연소가 유지될 수 있다.

- 화학반응(Chemical Chain Reaction): 연소 과정에서 일어나는 연쇄반

응으로, 충분한 활성 에너지가 제공될 경우 가연물과 산소 사이에서 연소가 계속 진행된다.

연소가 지속되기 위해서는 위 네 가지 요소가 반드시 충족되어야 하며, 한 가지라도 제거될 경우, 연소가 멈추게 된다.

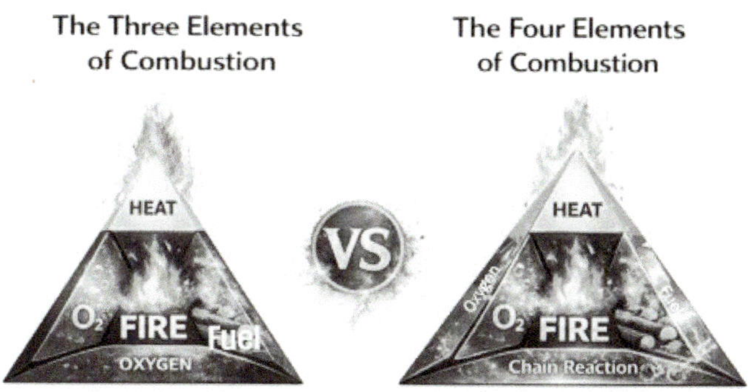

그림 2.1 연소의 3요소 vs 4요소 비교 다이어그램

1.2 연소과정의 기본 화학반응식

연소는 산소와 가연물이 반응하여 열과 빛을 방출하는 화학적 과정이다. 연소 과정에는 완전연소와 불완전연소가 있으며, 산소 공급량에 따라 화학반응식이 달라진다.

1. 완전연소

완전연소는 산소가 충분히 공급될 때 발생하며, 이산화탄소(CO_2)와 물(H_2O)이 주된 생성물이다.

- **메테인(methane)의 완전연소:** CH_4+~$2O_2 \rightarrow CO_2+2H_2O$ + 열
- **탄소(C)의 완전연소:** $C+O_2 \rightarrow CO_2$

2. 불완전연소

불완전연소는 산소 공급이 부족할 때 발생하며, 일산화탄소(CO) 및 그을음(C, 탄소)이 생성될 수 있다.

- **메테인의 불완전연소:** $2CH_4 + 3O_2 \rightarrow 2CO + 4H_2O$ + 열
- **탄소의 불완전연소:** $C + \frac{1}{2}O_2 \rightarrow CO$

1.3 발화점, 연소점, 인화점

연소는 특정 온도에서 발생하며, 다음과 같은 개념이 존재한다.

- **발화점**: 외부 점화원 없이 자연 발화하는 최소 온도
- **연소점**: 연료가 지속적으로 연소를 유지할 수 있는 최소 온도
- **인화점**: 가연성 증기가 발생하여 점화원이 있을 때 불이 붙는 최소 온도

2 화재의 정의 및 분류

2.1 화재 유형별 특징

화재는 연소 물질의 성질에 따라 다섯 가지 유형으로 분류된다.

1. A급 화재 (Class A Fire)

- **특징**: 일반 가연성 물질(목재, 종이, 섬유 등)에서 발생하는 화재
- **발생 원인**: 부주의한 불씨, 전기 합선, 과열된 표면, 자연 발화
- **소화 방법**: 물, ABC 분말 소화기, 포 소화기 사용
- **추가 설명**: A급 화재는 상대적으로 쉽게 진압할 수 있지만, 불씨가 남아 재발화 가능성이 있음

2. B급 화재 (Class B Fire)

- **특징**: 유류 및 가연성 액체(휘발유, 디젤, 알코올 등)에서 발생하는 화재
- **발생 원인**: 유출된 가연성 액체의 점화, 정전기, 고온 표면 접촉
- **소화 방법**: 폼, 이산화탄소(CO_2), 분말 소화기 (물 사용 금지)
- **추가 설명**: B급 화재는 물을 사용할 경우, 화재가 확산할 위험이 있어 적절한 소화제를 선택하는 것이 중요함

3. C급 화재 (Class C Fire)

- **특징**: 전기적 원인(배선, 전기기기)으로 발생하는 화재
- **발생 원인**: 누전, 과부하, 절연 파손, 전기기기의 과열
- **소화 방법**: 이산화탄소(CO_2), 전용 전기화재용 소화기 (물 사용 금지)

- **추가 설명**: 감전 위험이 있어서 전원을 차단한 후 진압하는 것이 필수적임

4. D급 화재 (Class D Fire)

- **특징**: 금속(알루미늄, 마그네슘 등)에서 발생하는 화재
- **발생 원인**: 금속 분진의 발화, 고온 환경, 마찰에 의한 점화
- **소화 방법**: 특수 소화제 (모래, 흑연 분말, 분말 소화제)
- **추가 설명**: D급 화재는 일반적인 소화 방법으로 진압이 어렵고, 특수 소화제가 필요함

5. K급 화재 (Class K Fire)

- **특징**: 주방 화재(식용유, 동물성 지방 등)에서 발생하는 화재
- **발생 원인**: 고온에서 조리 중 기름의 발화
- **소화 방법**: 주방용 K급 소화기 (비누화 작용)
- **추가 설명**: 물을 사용하면 오히려 화재가 확산할 위험성이 높아지므로 주의해야 함

2.2 적절한 소화 방법 비교

표 2.1 화재 유형별 특징 및 소화 방법 비교

화재 유형	주요 특징	적절한 소화 방법
A급 화재	일반 가연물 화재	물, ABC 분말 소화기, 폼
B급 화재	유류 및 가연성 액체 화재	폼, CO_2, 분말 소화기 (물 금지)
C급 화재	전기 화재	CO_2, 전용 소화기 (물 금지)
D급 화재	금속 화재	특수 소화제 (모래, 흑연 분말)
K급 화재	주방 화재	K급 소화기

2.3 주요 화재 사례 분석

1. 2019년 강원도 산불 (A급 화재)

- **원인**: 건조한 기후와 강풍에 의해 확산한 불씨
- **피해**: 산림 수천 헥타르 소실, 주택 파괴

• 소방 대책: 공중 진화(헬기), 방화선 구축

2. 2020년 울산 주상복합 건물 화재 (B급, C급 복합 화재)

• 원인: 고층 건물 외벽의 가연성 자재
• 피해: 주민 대피, 대형 재산 피해
• 소방 대책: 대피 유도, 고층 건물 화재 대응 시스템 활용

3. 1986년 미국 스페이스 셔틀 챌린저호 폭발 (D급 화재)

• 원인: O-ring의 결함으로 인한 연료 누출 및 발화
• 피해: 승무원 전원 사망, 프로그램 중단
• 소방 대책: 우주선 설계 개선, 발사 전 점검 강화

그림 2.2 주요 화재 사례 이미지 또는 화염

3 연소 및 폭발 한계

3.1 연소한계와 폭발범위

1. 연소한계

연소한계는 특정 농도 범위에서만 연소가 가능한 한계를 의미한다. 가연성 가스나 증기가 공기 중에서 특정한 농도를 형성할 때만 연소가 가능하며, 그 농도 범위를 연소한계라고 한다. 연소한계는 화재 및 폭발 방지를 위한 중요한 요소 중 하나이다.

- 하한 연소한계(LFL, Lower Flammable Limit): 연소가 시작될 수 있는 최저 농도이며, 이 값보다 낮으면 점화원이 있어도 연소가 발생하지 않는다.
- 상한 연소한계(UFL, Upper Flammable Limit): 연소가 유지될 수 있는 최고 농도이며, 이 값을 초과하면 산소 부족으로 인해 연소가 이루어지지 않는다.

연소한계는 화학적 성질, 온도, 압력 등의 조건에 따라 달라질 수 있으며, 연소한계를 초과한 농도에서는 점화원이 존재해도 연소가 발생하지 않는다. 이러한 개념은 산업 현장에서 가연성 물질을 안전하게 취급하기 위해 필수적인 요소이다.

표 2.2 대표적인 가연성 물질의 연소한계 범위

가연성 물질	LFL (%)	UFL (%)
메테인	5.0	15.0
수소	4.0	75.0
프로판	2.1	9.5
아세틸렌	2.5	100.0
벤젠	1.2	7.1

2. 폭발 위험성과 실무 적용 사례

폭발 위험이 높은 산업 환경에서는 연소한계를 면밀히 관리해야 하며, 가연성 가스 누출 모니터링 시스템을 사용하여 실시간 감지를 수행한다.

예를 들어 정유 공장, 화학공장, 가스 저장 시설에서는 LFL과 UFL을 기준으로 안전 운영 절차를 수립한다.

3.2 연소 속도와 열전달 방식

연소 속도는 연소 과정에서 화염이 퍼지는 속도를 의미하며, 화재 확산에 큰 영향을 미친다. 연소 속도는 가연성 물질의 성질, 산소 농도, 연소 환경에 따라 달라지며, 높은 연소 속도를 가지는 물질은 빠르게 확산하여 큰 피해를 유발할 수 있다.

1. 연소 속도에 영향을 미치는 요인

- **가연물의 성질**: 연소속도는 가연물의 물리적 상태(고체, 액체, 기체)에 따라 달라지며, 기체 상태의 연소 속도가 가장 빠르다.
- **산소 농도**: 산소 공급이 충분하면 연소 속도가 증가하며, 산소가 부족할 경우 연소가 지연되거나 중단된다.
- **온도**: 온도가 높을수록 분자 운동이 활발해져 연소 속도가 증가한다.
- **압력**: 높은 압력 환경에서는 연소 속도가 빨라질 수 있다.

2. 열전달 방식과 화재 확산

연소 과정에서 생성된 열이 주변으로 전달되는 방식은 크게 세 가지로 구분된다.

1) 전도 (Conduction)

- **특징**: 고체 내부를 통해 열이 전달됨
- **예**: 금속 표면을 통한 열 이동
- **실제 사례**: 금속 구조물 내에서 발생한 화재가 빠르게 확산되는 경우

2) 대류 (Convection)

- **특징**: 공기나 액체를 통한 열 이동
- **예**: 연기 확산, 뜨거운 공기 상승
- **실제 사례**: 화재 시 천장 부근으로 뜨거운 연기가 빠르게 확산하는 경우

3) 복사 (Radiation)

- **특징**: 전자기파 형태로 열 전달
- **예**: 화염의 복사열, 태양 복사열
- **실제 사례**: 대형 화재에서 멀리 떨어진 물체가 복사열에 의해 발화되는 경우

3. 연소 속도와 열전달 방식의 실무 적용

- **건축물 방화 설계**: 건물의 내화 구조 및 단열재 적용을 통해 열전달을 억제
- **소방 전략**: 화재 초기 단계에서 대류를 차단하여 연기의 확산을 방지하고, 복사열을 차폐하여 추가 화재 확산을 방지
- **위험물 저장소 설계**: 열전달을 최소화하는 구조적 설계를 통해 폭발 위험을 줄임

이와 같이 연소한계와 폭발범위, 연소 속도 및 열전달 방식은 화재 예방 및 진압 전략 수립에서 매우 중요한 요소로 작용한다. 각 산업 현장에서는 이러한 개념을 기반으로 화재 예방 시스템을 운영하고 있으며, 안전 규정을 엄격히 준수하는 것이 필수적이다.

연습문제

01 연소의 3요소와 4요소를 비교하고, 각각이 소화 전략에 어떻게 적용되는지 설명하시오.

02 휘발유, 등유, 목재의 인화점, 발화점, 연소점을 조사하고, 이러한 차이가 화재 위험성에 어떤 영향을 미치는지 분석하시오.

03 A, B, C, D, K 화재의 분류 기준과 각각의 특성을 요약하고, 적절한 소화약제를 제시하시오.

04 폭발범위(LFL, UFL)의 개념을 설명하고, 산업 현장에서 이러한 개념이 안전 관리에 어떻게 활용되는지 사례를 들어 논하시오.

05 연소 과정에서 발생하는 유해가스 중 일산화탄소(CO)와 시안화수소(HCN)의 발생 원인과 인체에 미치는 영향을 상세히 기술하시오.

06 전도, 대류, 복사에 의한 열전달 방식의 차이를 설명하고, 각 열전달 방식이 화재 확산에 어떻게 기여하는지 실제 사례를 들어 설명하시오.

07 연소 속도가 화재 현장에서의 대응 전략에 미치는 영향을 논하고, 연소 속도가 빠른 화재와 느린 화재에 대한 대응 방안을 비교하시오.

08 전기화재의 특징을 일반 화재와 비교하고, 전기화재 진압 시 특별히 유의해야 할 사항과 적절한 소화 방법을 제시하시오.

09 화재 예방을 위해 연소의 각 요소(가연물, 산소, 점화원, 연쇄반응)를 제어하는 방안들을 구체적으로 제시하고, 이러한 방안들이 실무에서 어떻게 구현되는지 설명하시오.

10 최근 발생한 대형 화재 사례를 조사하고, 그 원인과 피해 규모를 분석한 뒤, 해당 화재에서 연소 및 열전달 이론이 어떻게 적용되었는지 논하시오.

참고문헌

- National Fire Protection Association (NFPA). (2021). Fire Dynamics.
- Drysdale, D. (2017). An Introduction to Fire Dynamics (3rd ed.). Wiley.
- 김민재, 이수현. (2019). 소방공학의 기초. 서울: 한빛아카데미.
- 한국소방산업기술원. (2020). 화재 안전 기술 기준 해설.
- Gann, R. G., & Friedman, R. (2015). Principles of Fire Behavior and Combustion (4th ed.). Jones & Bartlett Learning.
- Society of Fire Protection Engineers (SFPE). (2016). SFPE Handbook of Fire Protection Engineering (5th ed.). Springer.
- ISO 13571:2012. Life-threatening components of fire — Guidelines for the estimation of time available for escape using fire data.
- 화재안전기준해설위원회. (2021). 화재 안전 기준 해설 및 적용 사례. 서울: 안전문화사.
- 이재훈, 박성호. (2020). 현대 화재 공학. 부산: 동아대학교 출판부.
- 소방청 통계연보. (2023).

CHAPTER 03 소화 원리

학습목표

- 소화 메커니즘(냉각, 질식, 억제, 제거)의 원리를 깊이 있게 이해한다.
- 다양한 소화약제의 분류(수계, 포계, 가스계, 분말계, 특수계)별 특성과 작용 방식을 파악한다.
- 화재 유형별로 적절한 소화약제를 선택하고 적용하는 방법을 익힌다.
- 소화약제의 효율성, 안전성, 환경적 영향 등을 고려하여 현장에 맞는 소화 전략을 수립한다.

1 소화 메커니즘

1.1 소화의 기본 4원리

소화는 연소 반응을 중단시키거나 예방하는 과정으로, 크게 다음의 네 가지 원리로 구분된다.

- 냉각(Cooling): 가연성 물질의 온도를 발화점 이하로 낮춰 연소를 지속할 수 없도록 한다.
- 질식(Smothering): 산소 공급을 차단하거나 산소 농도를 낮춰 연소에 필요한 산소를 제공하지 않는다.
- 억제(Inhibition): 화학적 반응을 방해하여 연소 속도를 늦추거나 중단시킨다.
- 제거(Removal): 연소에 필요한 가연물을 제거하여 연소 과정을 근본적으로 차단한다.

1.2 냉각 소화법

1. 작용 원리

냉각 소화법은 높은 비열을 가진 물이나 강화액을 이용하여 가연물의 온도를 빠르게 낮춘다. 물은 증발하면서 대량의 열에너지를 흡수하여 연소가 지속될 수 없게 만든다. 또한, 물 분무는 대류를 감소시켜 냉각과 함께 연기의 확산을 억제하는 효과도 제공한다.

2. 적용 대상

- **A급 화재**: 목재, 종이, 섬유, 고무 등의 일반 가연물 화재
- 건물 내부 구조재 화재 및 가정 내 화재
- 대형 화재에서 냉각 효과를 극대화하기 위한 항공기 살수 소화

3. 소화약제

- **물**: 가장 보편적이며 대량으로 사용 가능
- **강화액 소화약제**: 물에 첨가제를 혼합하여 소화 성능을 향상시킨 약제
- **미분무 소화 시스템**: 초미세 입자의 물을 활용하여 냉각 효과 극대화

4. 효율성 및 특징

- 냉각 효과가 뛰어나 일반 가연물 화재에 효과적이다.
- 전기화재나 유류 화재에는 부적합하며, 감전 위험이나 화재 확산의 우려가 있다.
- 물로 인한 2차 피해(침수, 재산 손상 등)가 발생할 수 있다.

그림 3.1 물을 이용한 냉각소화법에 의한 화재진압 과정

1.3 질식 소화법

1. 작용 원리

질식 소화법은 연소에 필수적인 산소 공급을 차단하거나 산소 농도를 낮춰 연소를 억제한다. 산소 농도가 약 16% 이하로 감소하면 대부분의 화재가 지속될 수 없으며, 이를 활용하여 연소를 중단시킨다.

2. 적용 대상

- B급 화재: 유류, 유기용제 등의 인화성 액체 화재
- C급 화재: 전기 기기 및 설비에서 발생하는 화재
- K급 화재: 주방 기름 화재

3. 소화약제

- 이산화탄소(CO_2): 밀폐된 공간에서 효과적이나 개방된 공간에서는 효과가 감소한다.
- 포 소화약제: 연소 표면을 덮어 산소 공급을 차단하고 증발을 억제한다.

4. 효율성 및 특징

- 밀폐된 공간에서 효과적이며, 잔류물이 남지 않아 기기 손상이 적다.
- 개방된 공간에서는 산소 농도 유지가 어려워 효과가 감소한다.
- 높은 농도의 이산화탄소는 인체에 유해할 수 있다.

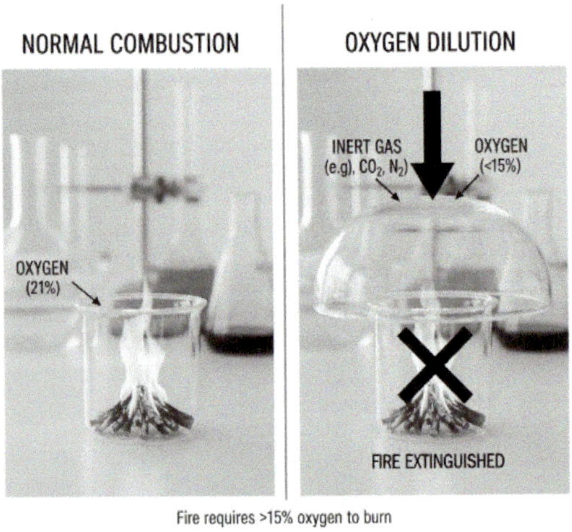

그림 3.2 산소 농도를 낮춰 화재를 억제하는 질식소화법 개념도

1.4 억제 소화법

1. 작용 원리

억제 소화법은 연소 과정에서 생성되는 자유 라디칼과 소화약제의 라디칼이 결합하여 화학반응을 중단시키는 방식이다. 이는 연소 속도를 현저히 늦추거나 완전히 중단시킨다.

2. 적용 대상

- **C급 화재**: 전기 화재
- **D급 화재**: 금속 화재(마그네슘, 알루미늄 등)

3. 소화약제

- **할론(Halon)**: 강력한 억제 효과가 있지만 환경 문제로 사용이 제한된다.
- **ABC형 분말 소화약제**: 다양한 화재 유형에 적용 가능하다.

4. 효율성 및 특징

할론은 소량으로도 강력한 소화 효과를 나타내며, 잔존물이 남지 않는다. 환경에 해로운 할론의 사용이 규제되면서 대체 약제가 개발되고 있다. 분말 소화약제는 적용 범위가 넓지만, 소화 후 잔여물이 남아 청소가 필요하다.

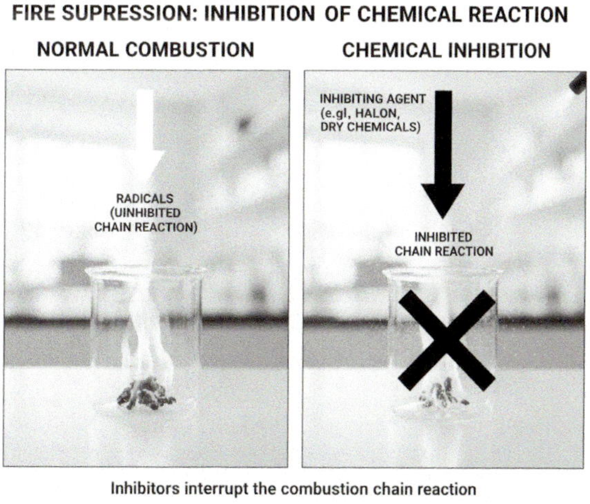

그림 3.3 화학적 반응을 방해하는 억제 소화법 개념도

1.5 제거 소화법

1. 작용 원리

제거 소화법은 연소에 필요한 가연물을 물리적으로 제거하여 연소를 차단하는 방식이다. 연소의 3요소 중 하나인 가연물을 제거함으로써 연소 과정을 근본적으로 차단한다.

2. 적용 대상

- 산불이나 대형 화재에서의 방화선 구축
- 유해 물질 누출 시 차단 작업
- 화재 현장에서의 가연물 이동 및 제거

3. 효율성 및 특징

- 가연물의 제거를 통해 화재 확산을 방지하고, 연소를 완전히 중단시킨다.
- 방화선 구축은 특히 산림 화재에서 효과적으로 사용된다.
- 실내 화재에서는 가연물의 이동이 제한적일 수 있어 적용이 어려울 수 있다.

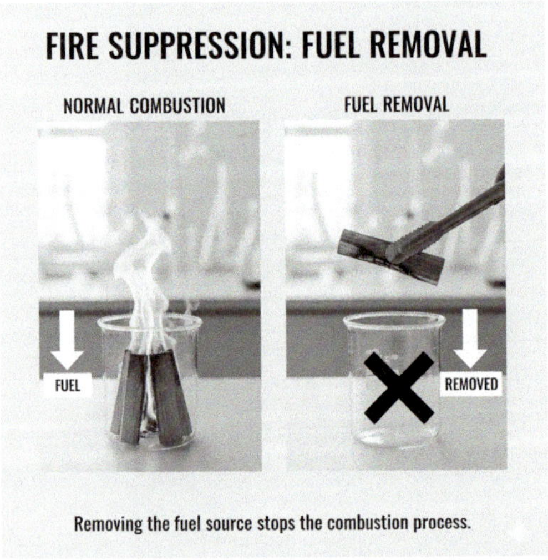

그림 3.4 연소 물질을 물리적으로 제거하여 연소를 차단하는 제거 소화법 개념도

2 소화약제의 분류 및 특성

2.1 소화약제 분류 방법 및 조건

소화약제는 화재를 진압하고 확산을 방지하기 위해 사용되는 물질로, 화학적 또는 물리적 작용을 통해 연소를 억제하는 역할을 한다. 소화약제는 다양한 방식으로 분류될 수 있으며, 대표적인 분류 기준은 다음과 같다.

1. 소화작용 방식에 따른 분류

1) 냉각 작용

- 연소 물질의 온도를 낮춰 연소를 억제하는 방식이다.
- 이는 가연물의 온도를 발화점 이하로 떨어뜨려 연소를 지속할 수 없게 만든다.

예시 물, 강화액 등이 대표적이며, 높은 비열과 증발 잠열을 이용하여 연소체의 열에너지를 흡수한다.

2) 질식 작용

산소 공급을 차단하거나 산소 농도를 낮춰 연소를 방해한다. 산소 농도가 약 16% 이하로 감소하면 대부분의 연소가 중단된다.

예시 포 소화약제는 연소 표면을 거품으로 덮어 산소 접촉을 막고, 이산화탄소는 공기 중 산소 농도를 희석하여 연소를 억제한다.

3) 억제 작용

연소 과정에서 발생하는 화학반응을 방해하여 연소를 중단시킨다. 이는 연소의 연쇄반응을 차단하는 방식이다.

예시 할로젠화합물, 분말 소화약제 등이 있으며, 자유 라디칼과 결합하여 연쇄반응을 억제한다.

4) 제거 작용

연소에 필요한 가연물을 제거하여 연소를 근본적으로 차단한다. 연소의

3요소 중 하나인 가연물을 없앰으로써 화재를 진압한다.

예시 특수 분말 소화약제는 금속 표면을 피복해서 연소를 막는다.

2. 화재 유형에 따른 분류

화재는 연소하는 물질의 특성과 화재 환경에 따라 다음과 같이 분류되며, 이에 따라 적절한 소화약제를 선택해야 한다.

1) A급 화재 (일반 가연성 물질)

- 목재, 종이, 섬유 등과 같은 고체 가연물의 화재
- **적용 소화약제**: 물, 강화액 등 수계 소화약제

2) B급 화재 (유류 및 가연성 액체)

- 휘발유, 디젤, 알코올 등 인화성 액체의 화재
- **적용 소화약제**: 포 소화약제, 분말 소화약제

3) C급 화재 (전기화재)

- 전선, 전자기기, 배전반 등 전기 설비로 인한 화재
- **적용 소화약제**: 가스계 소화약제(이산화탄소, 불활성기체), 분말 소화약제

4) D급 화재 (금속 화재)

- 마그네슘, 알루미늄, 나트륨 등의 가연성 금속이 연소하는 화재
- **적용 소화약제**: 특수 분말 소화약제(D급 분말)

5) K급 화재 (주방 화재)

- 식용유, 지방 등 고온의 기름으로 인해 발생하는 화재
- **적용 소화약제**: 강화액 소화약제, 특수 포 소화약제

3. 환경 및 안전 조건에 따른 분류

소화약제는 사용 환경과 인체 및 환경에 미치는 영향에 따라 다음과 같이 분류된다.

1) 친환경 소화약제

오존층 파괴나 지구온난화에 영향을 최소화한 약제

예시 불활성기체계 소화약제(질소, 아르곤 등), 미분무수 시스템

2) 특정 환경에 적합한 소화약제

- **밀폐된 공간**: 잔여물이 남지 않는 가스계 소화약제를 사용하여 전자기기나 귀중품을 보호한다.
- **개방된 공간**: 포 소화약제나 수계 소화약제를 사용하여 대규모 화재에 대응한다.
- **산업 현장 및 특수 화재**: 특정 화학물질 화재에는 그에 맞는 특수 소화약제를 사용한다.

각 소화약제는 이러한 조건을 고려하여 선택해야 하며, 화재 발생 장소와 유형에 따라 적절한 소화 전략을 수립하는 것이 중요하다.

2.2 소화약제 분류 및 장단점

1. 수계 소화약제

1) 물 (Water)

(1) 작용 원리

- 높은 비열과 증발잠열을 이용해 연소 물질의 온도를 낮추고 열에너지를 흡수하여 연소를 차단한다.
- 물은 증발하면서 많은 양의 열을 흡수하여 연소를 지속할 수 없게 만든다.

(2) 적용 화재 유형: A급 화재 (목재, 종이, 섬유 등)

(3) 장점

- **풍부한 가용성**: 물은 가장 보편적이고 쉽게 구할 수 있는 소화약제이다.
- **우수한 냉각 효과**: 높은 비열로 인해 연소체의 온도를 빠르게 낮춘다.
- **환경 친화성**: 인체와 환경에 무해하며 소화 후 잔여물이 남지 않는다.

- **경제성**: 비용이 저렴하여 대량의 소화약제가 필요한 경우에도 부담이 적다.

(4) 단점

- **전기화재 부적합**: 물은 전기 전도성이 있어 전기화재에 사용 시 감전 위험이 있다.
- **유류 화재 위험성**: 유류 화재에 사용하면 기름이 물 위에 떠서 화재가 확산될 수 있다.
- **2차 피해 가능성**: 물로 인한 침수 피해나 재산 손상이 발생할 수 있다.
- **온도 제한**: 영하의 기온에서는 얼어버려 사용이 제한된다.

2) 강화액 (Aqueous Solution)

(1) 작용 원리

- 물에 계면활성제 등 첨가제를 혼합하여 표면장력을 낮추고, 연소 물질에 침투력을 높인다.
- 거품을 형성하여 질식 작용을 유도한다.

(2) 적용 화재 유형: A급 및 일부 B급 화재

(3) 장점

- **침투력 향상**: 물보다 연소체에 깊숙이 스며들어 숨은 불씨까지 진압한다.
- **질식 및 냉각 효과 동시 제공**: 첨가제의 거품 형성으로 산소 공급을 차단하면서 냉각한다.
- **재발화 방지**: 거품층이 연소체를 덮어 추가적인 산소 접촉을 막는다.
- **사용 편의성**: 기존 수계 소화 시스템에 쉽게 적용 가능하다.

(4) 단점

- **환경 영향 우려**: 일부 첨가제가 환경 오염을 유발할 수 있다.
- **비용 증가**: 물에 비해 첨가제 비용으로 인해 전체 비용이 높아질 수 있다.
- **보관 제한**: 첨가제의 유효 기간이 있어 정기적인 교체가 필요하다.

2. 포 소화약제

포 소화약제는 현행 화재안전기준에 따라저팽창포와 고팽창포로 구분되며,각 유형은 팽창비 범위와 적용 공간 특성에 따라 선택된다. 현행 화재안전기준에 따르면 포소화약제의 발포배율은 80을 기준으로 저발포와 고발포로 구분되며, 중발포의 구분은 사용하지 않는다.

1) 저팽창포 (Low-expansion Foam)

(1) 작용 원리

- 포 생성액을 공기와 혼합하여 낮은 팽창률(1:5~1:20)로 폼을 형성한다.
- 이 폼은 연소 표면을 덮어 산소 공급을 차단하고 증발을 억제한다.

(2) 적용 화재 유형: B급 화재 (휘발유, 디젤, 석유 제품 등)

(3) 장점

- **유류 화재에 효과적**: 기름 표면을 안정적으로 덮어 연소를 억제한다.
- **재발화 방지**: 포막이 유지되어 연료 증발을 막는다.
- **유연한 적용**: 흐르는 성질로 복잡한 구조에도 적용 가능하다.

(4) 단점

- **대량의 약제 필요**: 넓은 면적을 덮기 위해 많은 포 생성액이 필요하다.
- **운반 및 저장 어려움**: 포 생성액과 장비의 부피와 무게로 이동이 제한된다.
- **환경 문제**: 사용 후 폐수 처리가 필요하며, 환경 오염 가능성이 있다.

그림 3.5 팽창율별 폼의 차이 및 적용 사례

2) 고팽창포 (High-expansion Foam)

(1) 작용 원리

- 포 생성액을 다량의 공기와 혼합하여 높은 팽창률로 폼을 생성한다.
- 생성된 폼이 공간을 채워 산소 공급을 차단하고 연소 가스를 희석한다.

(2) 적용 화재 유형: 대형 저장시설, 터널 화재 등 밀폐된 공간

(3) 장점

- 질식 효과 극대화: 공간 전체를 폼으로 채워 산소를 제거한다.
- 연기 및 열 차단: 폼이 연기와 열을 흡수하여 인명 대피 시간을 확보한다.
- 물 사용 절약: 높은 팽창률로 적은 물로도 효과적인 소화가 가능하다.

(4) 단점

- 개방 공간 효과 제한: 개방된 공간에서는 폼이 퍼져 효과 감소.
- 시야 확보 어려움: 폼으로 인해 내부 시야가 가려져 구조 활동 제약.
- 특수 장비 필요: 고팽창포 생산을 위한 전문 장비가 필요하며 초기 비용 부담.

3. 가스계 소화약제

1) 이산화탄소 (CO_2)

(1) 작용 원리

이산화탄소는 공기 중 산소 농도를 낮춰 질식소화를 유도하며, 기화 시 냉각 효과도 제공한다.

(2) 적용 화재 유형: B급, C급 화재 (유류, 전기 기기 등)

(3) 장점

- 잔여물 없음: 소화 후 남는 잔여물이 없어 전자 기기 보호에 적합.
- 비전도성: 전기 전도성이 없어서 전기 화재에도 안전하게 사용 가능

- **빠른 확산**: 가스 상태로 공간에 빠르게 퍼져 신속한 소화 가능

(4) 단점

- **인체 유해성**: 밀폐된 공간에서 높은 농도의 CO_2는 질식 위험이 있다.
- **환기 필요**: 소화 후 CO_2가 남아 있으므로 충분한 환기가 필요
- **개방 공간 효과 감소**: 개방된 공간에서는 CO_2가 확산되어 소화 효과 감소

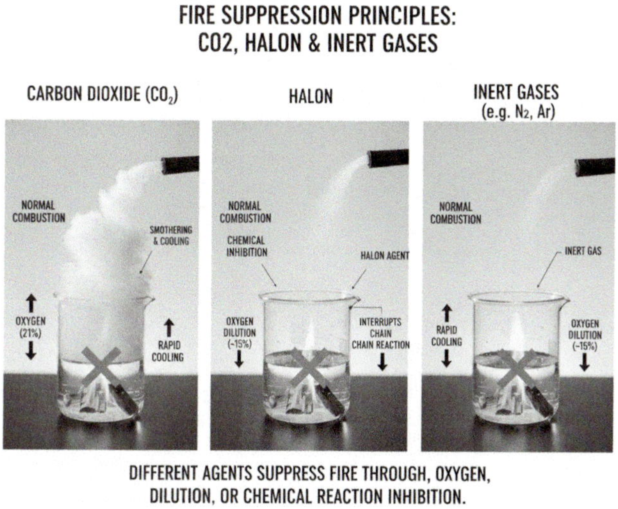

그림 3.6 이산화탄소, 할론, 불활성기체의 소화 원리 비교

3) 할로젠화합물 (Halon)

(1) 작용 원리

할로젠 원소를 포함한 화합물로, 연소 과정의 자유 라디칼을 포획하여 화학반응을 중단시킨다.

(2) 적용 화재 유형: B급, C급 화재

(3) 장점

- **소량으로 효과적**: 적은 양으로도 강력한 소화가 가능하다.
- **잔여물 없음**: 기체로 휘발해 소화 후 잔류물이 남지 않는다.
- **다양한 환경 적용**: 전자 장비, 문화재 등 민감한 시설에 사용 가능

(4) 단점

- 환경 파괴: 오존층을 파괴하여 현재는 사용이 제한되거나 금지됨.
- 인체 영향 우려: 흡입 시 건강에 해로울 수 있어 주의 필요
- 대체제 필요: 친환경적인 대체 소화약제 개발이 요구됨.

4. 분말 소화약제

1) ABC형 분말

(1) 작용 원리

인산암모늄 등의 화합물을 미세한 분말로 만들어 연소 표면을 덮어 화학반응을 차단하고 질식 효과를 유도한다.

(2) 적용 화재 유형: A급, B급, C급 화재

(3) 장점

- 다목적 사용: 다양한 화재에 적용 가능하여 범용성이 높다.
- 신속한 소화: 분말이 연소 표면에 빠르게 부착되어 효과적이다.
- 사용 편의성: 휴대용 소화기로 즉각적인 대응이 가능하다.

(4) 단점

- 잔여물 발생: 소화 후 분말 잔재가 남아 청소 필요, 전자 기기 손상 우려
- 인체 유해성: 분말 흡입 시 호흡기 자극을 일으킬 수 있다.
- 재발화 가능성: 분말이 날아가면 다시 재발화할 수 있어 지속적인 관찰 필요

2) D형 분말

(1) 작용 원리

특수한 분말이 가연성 금속의 연소를 억제하고, 피복층을 형성하여 산소 접촉을 차단한다.

(2) 적용 화재 유형: D급 화재 (마그네슘, 나트륨 등)

(3) 장점

- 금속 화재 특화: 일반 소화약제로 진압 어려운 금속 화재에 효과적.
- 안전성: 금속과 반응하지 않아 안정적인 진압이 가능하다.

(4) 단점

- 다른 화재에 부적합: D급 화재 외에는 사용이 제한적이다.
- 잔여물 처리 필요: 소화 후 남은 분말은 처리와 청소가 필요하다.
- 비용 부담: 특수 제작되어 비용이 높을 수 있다.

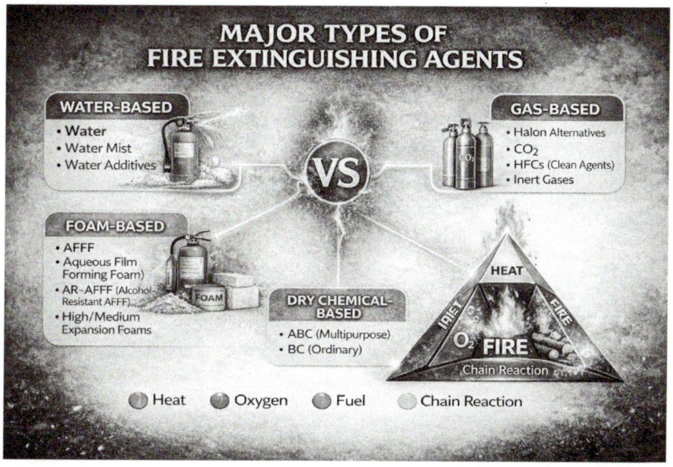

그림 3.7 주요 소화약제 종류(수계, 포계, 가스계, 분말계, 특수계)의 구조도

3 화재 유형별 적합한 소화약제 선택

3.1 화재 유형별 추천 소화약제

화재는 연소하는 물질의 특성과 환경에 따라 여러 유형으로 분류되며, 이에 따라 적절한 소화약제를 선택하는 것이 중요하다. 일반적으로 화재는 A, B, C, D, K급으로 구분되며, 각 유형별로 효과적인 소화약제가 다르다.

1. A급 화재 (일반 가연물 화재)

- 특징: 목재, 종이, 섬유 등과 같은 일반적인 가연성 물질이 연소하는 화재

- **소화 원리**: 냉각 작용을 통해 연소 온도를 낮추고 화재를 진압
- **소화 전략**: 수계 소화약제(물, 강화액 등)를 사용하여 온도를 낮추고 재발화를 방지한다.

2. B급 화재 (유류 및 가연성 액체 화재)

- **특징**: 휘발유, 디젤, 알코올, 페인트 등의 인화성 액체가 연소하는 화재
- **소화 원리**: 연소 표면을 덮어 산소 공급을 차단하고 냉각 효과를 제공
- **소화 전략**: 포 소화약제(저팽창, 고팽창)를 활용하여 연료 표면을 차단하며, 필요에 따라 특수 분말을 사용할 수도 있다.

3. C급 화재 (전기 화재)

- **특징**: 전선, 전자기기, 배전반 등 전기 설비로 인해 발생하는 화재
- **소화 원리**: 전기 전도성이 없는 소화약제를 사용하여 화재를 진압
- **소화 전략**: 가스계 소화약제(이산화탄소, 불활성기체)를 사용하여 화재를 신속히 진압하고 전기 기기의 손상을 최소화한다.

4. D급 화재 (금속 화재)

- **특징**: 마그네슘, 알루미늄, 나트륨 등의 금속이 연소하는 화재
- **소화 원리**: 특수 분말을 사용하여 금속의 연소를 억제하고 열 방출을 차단
- **소화 전략**: 일반적인 소화약제(물, 포)는 오히려 화재를 악화시킬 수 있으므로 D급 분말 소화약제를 활용하여 연소 반응을 차단한다.

5. K급 화재 (주방 화재)

- **특징**: 식용유, 지방 등 고온의 기름으로 인해 발생하는 화재
- **소화 원리**: 강화액 소화약제는 비누화 반응을 통해 기름의 연소를 억제하고, 포 소화약제는 산소 차단 및 냉각 효과를 제공한다.
- **소화 전략**: 비누화 작용을 유도하는 강화액 소화약제나 특수 포 소화약제를 사용하여 신속하게 화재를 진압한다.

3.2 실무 적용 사례

1. 산업 현장에서의 소화약제 적용 예시

- **전기 설비 및 데이터 센터**: 가스계 소화약제(CO_2, 불활성기체)를 활용하여 화재 진압 시 장비 손상을 방지하고 인명 피해를 최소화한다.
- **석유화학 공장**: 포 소화약제를 사용하여 인화성 액체 화재를 효과적으로 진압하고 재발화를 방지한다.
- **금속 가공 공장**: D급 분말 소화약제를 사용하여 금속 화재를 안전하게 대응한다.
- **주방 시설**: K급 화재 전용 강화액 소화약제를 비치하여 조리 중 발생하는 화재에 신속하게 대응한다.

표 3.1 전기차 배터리 화재 대응법

화재 원인	주요 특징	추천 소화약제	주의 사항
과열로 인한 열폭주	화재가 급속히 확산됨	미분무수, 특수 분말	화염이 완전히 진압되었는지 확인 필요
전기 단락	지속적인 열 발생	절연 성능이 있는 냉각 소화제	감전 위험 고려
내부 단락	연소 시 유독가스 배출	불활성기체	밀폐 공간 사용 시 주의
배터리 팩 손상	재발화 위험 존재	대량의 물 침수 소화	주변 확산 방지 필수

그림 3.8 산업 현장에서의 소화약제 적용 사례

2. 소화약제 조합 활용 사례

- A급 및 B급 복합 화재: 물과 포 소화약제를 조합하여 냉각 및 질식 작용을 극대화한다.
- B급 및 C급 복합 화재: 포 소화약제와 가스계 소화약제를 함께 사용하여 연료의 연소를 차단하고 전기 설비를 보호한다.
- D급 및 기타 화재: 금속 화재가 포함된 경우, 특수 분말 소화약제와 가스계 소화약제를 병행하여 사용한다.

그림 3.9 소화약제 조합 활용 사례

3.3 소화약제 선택 시 고려 사항

소화약제를 선택할 때는 다양한 요소를 고려해야 하며, 화재 유형뿐만 아니라 소화약제의 물리적, 화학적 특성, 사용 환경 등을 종합적으로 분석해야 한다. 잘못된 소화약제 선택은 화재 진압 실패뿐만 아니라 2차 피해를 초래할 수 있으므로 신중한 판단이 필요하다.

1. 화재 환경과 위험 요소 분석

- 밀폐된 공간: 가스계 소화약제(CO_2, 불활성기체)를 사용하면 효과적이며 잔여물이 남지 않는다.
- 개방된 공간: 물이나 포 소화약제가 적합하며, 기류가 강한 곳에서는 폼이 쉽게 흩어지지 않도록 저팽창포를 사용한다.

- **산업 현장**: 대형 유류 화재나 화학물질 화재는 포 소화약제나 특수 소화약제를 사용한다.

2. 유지보수 및 비용 고려

- **가스계 소화약제**: 주기적인 압력 점검이 필요하며, 충전 비용이 높다.
- **포 소화약제**: 저장 및 유통 과정에서 변질 가능성이 있어 정기적인 교체가 필요하다.
- **분말 소화약제**: 습기에 취약하여 장기간 보관 시 성능이 저하될 수 있다.

3. 안전성과 환경 영향

- **인체 안전성**: 이산화탄소와 같은 가스계 소화약제는 밀폐된 공간에서 인체에 위험할 수 있으므로 주의가 필요하다.
- **환경 영향**: 할론 등 오존층 파괴 물질은 사용이 제한되며, 친환경 소화약제 사용이 권장된다.
- **잔류물 처리**: 분말이나 포 소화약제 사용 후 잔류물의 처리가 필요하며, 환경 오염을 최소화하는 방법을 고려해야 한다.

표 3.2 소화약제의 환경적 영향 비교

소화약제	환경 영향	특징
이산화탄소(CO_2)	온실가스 배출	잔여물 없음, 전기화재에 적합
할론	오존층 파괴 가능	강력한 소화 효과, 사용 규제됨
불활성기체	환경 영향 적음	인체 안전, 밀폐된 공간에 효과적
포 소화약제	폐수 처리 문제	유류 화재에 효과적이나 잔류물 처리 필요

이상으로 화재 유형별 적합한 소화약제의 선택과 적용 방법에 대해 살펴보았다. 각 화재 유형에 맞는 소화약제의 선택은 화재 진압의 효과를 높이고 인명과 재산 피해를 최소화하는 데 핵심적인 역할을 한다. 실제 현장에서는 이러한 지식을 바탕으로 화재 위험을 사전에 파악하고, 적절한 소화 설비와 소화약제를 구비하여 신속하고 효율적인 대응이 이루어져야 한다.

연습문제

01 냉각 소화법이 효과적인 화재 유형과 그 이유를 예시와 함께 설명하시오.

02 질식 소화법과 억제 소화법의 원리 차이를 비교하시오.

03 특정 산업(예: 석유화학 공장)에서 선호되는 소화약제 종류와 이유를 논하시오.

04 한 가지 화재 유형을 선택하여, 동시에 여러 소화약제를 병행 사용해야 하는 이유를 논하시오.

05 소화약제 효율성을 평가할 때 고려해야 할 사항(성능·안전·환경 등)을 기술하시오.

참고문헌

- 한국소방기술원(KFI). (2022). 소화약제의 소화원리 분석.
- NFPA. (2020). Fire Suppression Systems.
- SFPE. (2021). Fundamentals of Fire Protection Engineering.
- 일본소방학회. (2019). 화재진압 메커니즘 연구 보고서.
- Lee et al. (2022). Mechanistic Approach of Suppression Agents, Fire Safety Journal, 135, 201-215.

PART 02

소화약제 종류별 특성

CHAPTER

04 물 소화약제

학습목표

- 물 소화약제의 물리·화학적 성질을 이해하고 소화 원리를 설명할 수 있다.
- 주수 방식(직사, 분무, 미분무)의 특징을 비교하고 화재 유형별 적용성을 분석할 수 있다.
- 물 소화약제의 첨가제(강화액, 침윤제 등)의 작용 원리와 화재 진압 효과를 설명할 수 있다.
- 물 소화약제의 적응 화재와 비적응 화재를 파악하고 그에 따른 대체 소화 방법을 제시할 수 있다.
- 친환경적인 물 소화약제 및 최신 연구 동향을 이해한다.

1 물의 물리적·화학적 성질

1.1 물리적·화학적 성질이 소화에 미치는 영향

1. 물리적 성질이 소화에 미치는 영향

물은 무색, 무취, 무미의 액체로서 높은 비열과 증발잠열, 그리고 표면장력 등의 독특한 물리적 성질을 지닌다. 이러한 성질들은 화재 진압 과정에서 중요한 역할을 하며, 화재 유형에 따라 효과적으로 적용될 수 있다. 특히, 물의 비열과 증발잠열은 화재진압에서 냉각 효과를 극대화하는 핵심 요소로 작용한다.

또한, 물의 밀도는 $1g/cm^3$로 비교적 높은 값을 가지며, 이는 물이 연소물질 위에 쉽게 쌓여 열을 효과적으로 흡수하는 데 기여한다. 물의 끓는점은 100℃로, 이는 높은 온도의 화재 환경에서도 비교적 안정적인 형태를 유지하며 냉각 효과를 지속할 수 있도록 돕는다. 이러한 성질들은 물이 다른 소화약제보다 화재진압에서 보편적으로 사용되는 이유를 설명해 준다.

2. 화학적 성질이 소화에 미치는 영향

물은 화학적으로 안정한 화합물이지만, 특정 조건에서 화재진압에 중요한 화학적 역할을 수행한다. 물의 화학적 성질이 소화에 미치는 영향은 주로 연소 과정에서의 산소 희석, 화학적 반응 억제, 그리고 기타 화학적 상호작용과 관련이 있다.

1) 산소 희석 작용

물이 기화하면서 수증기로 변할 때, 화염 주위의 산소 농도를 낮추어 연소를 억제한다.
특히 밀폐된 공간에서 화재가 발생하면, 물이 빠르게 기화하여 연소에 필요한 산소를 차단하는 역할을 수행할 수 있다.

2) 연소 억제 반응

물은 연소 과정에서 자유 라디칼(OH·, H· 등)의 형성을 방해하여 연쇄 반응을 차단할 수 있다.
이 과정은 특히 고온 연소에서 연소 속도를 감소시키고 화염을 효과적으로 억제하는 역할을 한다.

3) 수증기 형성에 따른 질식 효과

물이 높은 온도에서 기화할 때, 발생하는 수증기가 연소 물질 주변의 가연성 기체를 희석시켜 연소를 방해한다. 이로 인해 불완전 연소가 유도되며, 화재 확산을 효과적으로 방지할 수 있다.

4) 특정 물질과의 반응성

일부 고온에서 연소하는 물질(예: 금속 나트륨, 칼슘 카바이드 등)과 물이 반응하면 위험한 화학반응이 일어날 수 있다. 이런 경우, 물을 사용하면 오히려 가연성 가스(수소 등)가 발생하여 화재를 더욱 악화시킬 수 있으므로 주의가 필요하다.

5) 화학적 촉매 효과와 소화 보조제 역할

물은 특정 첨가제(침윤제, 강화액 등)와 결합하여 소화력을 더욱 향상시킬 수 있다. 강화액 소화약제(AFFF)와 혼합될 경우, 물의 확산성과 냉각 효과가 증대되어 유류 화재에서도 더욱 효과적인 소화 작용을 할 수 있다.

표 4.1 물의 화학적 성질이 소화에 미치는 영향

화학적 성질	소화 작용	효과
산소 희석	산소 농도 감소	연소 억제
연소 억제 반응	자유 라디칼 차단	연쇄 반응 억제
수증기 형성	질식 작용	가연성 기체 희석
특정 물질과 반응	부작용 발생 가능	신중한 사용 필요
화학적 촉매 효과	침윤제, 강화액과 결합	소화력 향상

1.2 비열과 증발잠열: 냉각 효과의 핵심 원리

1. 비열과 증발잠열

1) 비열

- 물의 비열은 1cal/g·℃로, 이는 물 1g의 온도를 1℃ 올리는 데 필요한 열량을 의미한다.
- 높은 비열을 가지므로 연소 물질에서 많은 열을 흡수하면서도 온도가 크게 상승하지 않아 안정적인 냉각 효과를 제공한다.
- 물을 다량으로 사용하면 화재 현장에서 온도를 신속하게 낮출 수 있다.

2) 증발잠열

- 물의 증발잠열은 540cal/g으로, 물이 액체에서 기체로 변화할 때 흡수하는 에너지를 의미한다.
- 물이 화염에 의해 증발할 때 다량의 열을 흡수하여 연소 물질의 온도를 급격히 낮추는 역할을 한다.
- 증발된 물이 수증기로 변화하면서 연소 주변의 산소 농도를 낮춰 연소를 억제하는 질식 효과를 유발할 수 있다.

3) 냉각 작용

- 물이 가열될 때 0℃에서 100℃까지 올라가는 과정에서도 상당한 열량을 흡수하여 화재의 확산을 방지한다.
- 물이 고온에서 빠르게 기화하면서 증기층이 형성되며, 이는 공기 중의 산소 농도를 희석시키는 추가적인 질식 효과를 유발할 수 있다.

4) 화재진압에서의 역할

- 높은 비열과 증발잠열을 활용하여 소방관들은 화재 초기에 신속하게 물을 살포하여 연소 속도를 늦출 수 있다.
- 대규모 화재에서는 다량의 물을 이용한 냉각 전략이 필수적이며, 물 분무 시스템이나 스프링클러와 같은 소방 장치에서 효과적으로 활용된다.

표 4.2 물의 비열과 증발잠열이 화재진압에 미치는 영향

성질	값	소화에 미치는 영향
비열	1cal/g·℃	많은 열을 흡수하여 연소 물질의 온도를 낮춘다
증발잠열	540cal/g	기화 시 다량의 열을 흡수하여 냉각 효과를 극대화한다

2. 물의 높은 비열이 화재진압에 미치는 영향

물은 높은 비열로 인해 많은 열을 흡수하면서도 온도 상승이 적다. 이는 연소 물질로부터 효율적으로 열을 빼앗아 화재를 진압하는 데 유리하다. 특히 대형 화재에서 물을 다량 사용하면 연소 속도를 크게 줄일 수 있으며, 피해 규모를 최소화하는 데 중요한 역할을 한다.

3. 물의 높은 증발잠열이 화재진압에 미치는 영향

증발잠열이 높은 물은 기화 과정에서 대량의 열을 흡수하여 냉각 효과를 극대화한다. 물이 증발하면서 화재 현장의 온도를 급격히 낮추고, 수증기가 연소 물질 주변의 산소 농도를 희석하여 연소 반응을 억제하는 질식 효과까지 유발할 수 있다. 이로 인해 물은 냉각과 질식 작용을 동시에 수행하는 효과적인 소화약제로 사용된다.
물은 높은 비열로 인해 많은 열을 흡수하면서도 온도 상승이 적다. 이는 연소 물질로부터 효율적으로 열을 빼앗아 화재를 진압하는 데 유리하다. 또한, 증발잠열이 높아 물이 기화되면서 주변의 열을 대량으로 흡수하여 냉각 효과를 증대시킨다.
이러한 물의 특성은 특히 대형 화재에서 매우 유용하며, 소방 시스템에서는 대량의 물을 이용하여 신속한 냉각을 유도하는 방식이 채택되고 있

다. 화재 초기에 충분한 양의 물을 분사하면 연소 속도를 크게 줄일 수 있으며, 이는 피해 규모를 최소화하는 데 중요한 역할을 한다.

1.3 냉각 효과를 설명하는 온도-열량 관계

1. 온도 변화에 따른 열량 흡수

- 물은 0℃에서 100℃까지 온도가 상승하는 동안 비열을 통해 열을 흡수한다.
- 100℃에서 기화할 때 증발잠열을 통해 추가적인 열을 흡수하여 화재 진압에 기여한다.
- 이 과정은 화재 현장에서 냉각 작용을 강화하는 중요한 요소이다.

2. 증발잠열의 역할

- 물이 액체에서 기체 상태로 변화하는 동안 다량의 열을 흡수하여 화염의 온도를 급격히 낮춘다.
- 이는 화재 진행을 늦추고 연소 물질 주변의 온도를 안정화하는 데 중요한 역할을 한다.

3. 물의 높은 비열이 주는 이점

- 같은 양의 다른 소화약제보다 더 많은 열을 흡수할 수 있어 연소 물질 주변 온도를 빠르게 낮출 수 있다.
- 대형 화재에서는 다량의 물을 사용하여 빠른 냉각 효과를 기대할 수 있다.

4. 화재 유형에 따른 냉각 효과 차이

- 일반 건물 화재에서는 물의 냉각 효과가 매우 효과적이며 불꽃을 빠르게 억제할 수 있다.
- 반면, 고온에서 연소하는 금속 화재에서는 냉각 효과가 제한될 수 있으며, 다른 소화 방법이 필요할 수 있다.
- 연료의 종류, 주변 온도, 습도 등의 요인이 냉각 속도에 영향을 미친다.

5. 수증기의 질식 효과

- 물이 기화될 때 형성되는 수증기는 산소 농도를 희석시켜 연소 반응을 억제한다.
- 냉각 효과뿐만 아니라 질식 효과까지 기대할 수 있어 물 소화약제의 다목적적인 활용이 가능하다.

6. 효율적인 화재 진압 전략

- 물의 온도 변화와 냉각 효과를 정량적으로 분석하여 보다 효율적인 화재 진압 전략을 수립할 수 있다.
- 최적의 물 사용량과 분사 방법을 적용하면 효과적인 소화가 가능하다.

1.4 표면장력: 침윤제의 필요성

1. 표면장력이 화재진압에 미치는 영향

- 물은 높은 표면장력을 가지고 있어 고체 표면에 잘 퍼지지 않고 구형의 물방울 형태를 유지하려는 성질이 있다.
- 이에 따라 물이 연소 물질의 미세한 틈새나 섬유 내부로 침투하기 어렵다.
- 이러한 특성은 화재진압 시 물의 침투력을 감소시켜 소화 효율을 낮출 수 있다.

2. 침윤제의 역할

- 침윤제는 물의 표면장력을 감소시켜 물이 연소 물질의 표면에 넓게 퍼지고, 미세 구조 내부로 침투하도록 돕는다.
- 이를 통해 연소 근원부까지 물이 도달하여 보다 효과적인 소화가 가능해진다.
- 특히, 나무, 종이, 천과 같은 다공성 재료에서 소화 효과를 극대화하는 역할을 한다.

3. 침윤제가 포함된 물과 일반 물의 차이

- 침윤제가 포함된 물은 일반 물보다 빠르게 연소 물질에 확산한다.

- 같은 양의 물을 사용하더라도 침윤제가 포함된 경우, 더 넓은 면적을 덮을 수 있다.
- 침윤제가 적용된 물이 더 높은 소화력을 갖는 이유는 표면장력 감소로 인한 침투력 향상 때문이다.

4 침윤제의 화학적 특성 및 적용 방법

- 침윤제는 주로 계면활성제 성분을 포함하여 물 분자의 응집력을 줄인다.
- 소방용 침윤제는 보통 화재 유형에 따라 다른 배합비로 적용된다.
- 주로 산림 화재, 섬유 화재, 종이 및 목재 화재에서 사용된다.

5. 침윤제 적용의 장점

- 물 사용량을 절감하면서도 높은 소화 효과를 기대할 수 있다.
- 화재진압 시간을 단축하고, 재발화 가능성을 줄일 수 있다.
- 다양한 환경에서 적용 가능하며, 특히 다공성 및 흡수성 물질에 효과적이다.

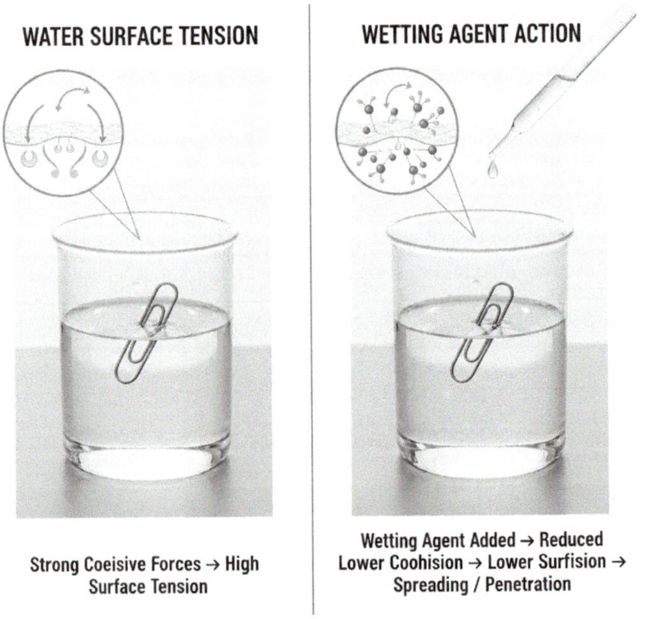

그림 4.1 물의 표면장력 감소와 침윤제의 작용 원리

1.5 물의 기화 현상과 소화 작용

1. 기화열을 이용한 냉각 작용

1) 물의 기화 과정

- 물이 연소 지역에 뿌려지면 열에 의해 기화된다.
- 기화 과정에서 다량의 증발잠열을 흡수하여 주변 온도를 급격히 낮춘다.
- 냉각 작용으로 인해 연소 물질의 온도가 낮아져 연소 속도가 감소한다.

2) 기화열이 소화에 미치는 영향

- 물의 증발잠열(540cal/g)은 다른 액체보다 높아 냉각 효과가 뛰어나다.
- 연소 과정에서 방출되는 열을 흡수하여 화재 확산을 억제한다.
- 연료의 온도가 발화점 이하로 낮아지면 연소가 중단된다.

2. 물의 기화와 연소 억제

1) 질식 효과

- 물이 기화하면서 수증기가 형성되고, 공기 중 산소 농도를 낮춘다.
- 연소 반응에 필요한 산소 농도가 희석되어 연소가 억제된다.

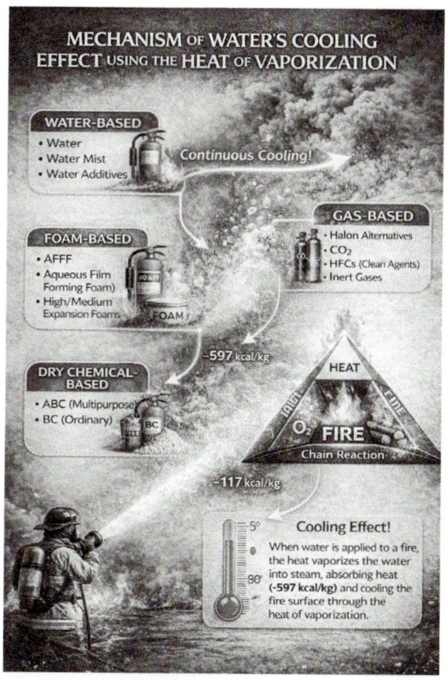

그림 4.2 기화열을 이용한 물의 냉각 작용 메커니즘

2) 고온 화재에서의 활용

- 높은 온도에서 기화 속도가 빨라지며, 즉각적인 냉각 효과를 발휘한다.
- 특히 밀폐된 공간에서는 기화된 수증기가 화염을 감싸 질식 효과를 극대화한다.

3) 다양한 소화 시스템에서의 적용

- 미분무 소화 시스템에서 미세한 입자의 물을 분사하여 냉각과 질식 효과를 동시에 유도한다.
- 주로 산업시설, 터널, 선박 화재에서 사용되며, 화재진압 속도를 향상시킨다.

1.6 물 소화약제의 장점과 단점

1. 장점

- 높은 비열과 증발잠열로 인한 강력한 냉각 효과
- 비교적 저렴하고 쉽게 구할 수 있음
- 독성이 없고 환경친화적임
- 다양한 화재 유형에 적용 가능

2. 단점

- 전기화재 및 유류 화재에 적합하지 않음
- 표면장력이 높아 침투력이 떨어짐
- 다량 사용 시 건물 및 전자기기 손상 가능

표 4.3 물 소화약제의 장단점 비교

구분	장점	단점
냉각 효과	뛰어남	과도한 사용 시 손상 위험
적용성	다양한 화재에 적용 가능	전기 및 유류 화재에 비효율적
환경 영향	친환경적	과도한 사용 시 구조물 손상 가능

1.7 화재 현장에서 물 소화약제 사용 현황

1. 물 소화약제의 주요 사용 분야

1) 건축물 화재

- 상업용 건물, 아파트, 주택 등에서 가장 널리 사용됨
- 스프링클러 시스템, 소화전, 자동 방수 시스템 등에 적용
- 실내 공간에서 불이 확산하기 전에 초기 진압을 위해 활용됨

2) 산업 및 공장 화재

- 제조업, 화학 공장, 전자 공장에서 발생하는 화재진압에 사용됨
- 대형 스프링클러 시스템 및 고압 방수 시스템이 설치되어 있음
- 일부 공장은 화학 반응성 물질로 인해 물 소화약제 사용이 제한될 수 있음

3) 산불 및 야외 화재

- 산불 진압 시 대량의 물을 항공기, 소방차 등을 통해 투입하여 화재 확산을 방지
- 헬기와 비행기를 이용한 항공 방수 작업이 수행됨
- 침윤제가 포함된 물을 사용하여 토양과 나무에 빠르게 스며들도록 유도

2. 물 소화약제 사용 방식

1) 자동화 시스템에서의 적용

- **스프링클러 시스템**: 실내 화재 시 자동으로 작동하여 일정량의 물을 방출
- **고정식 방수 시스템**: 발전소, 저장시설 등에 배치되어 신속한 냉각 및 소화 작용 수행
- **미분무 시스템**: 미세한 물 입자를 분사하여 냉각 및 질식 효과를 극대화

2) 이동식 장비를 활용한 진압

- 소방차의 고압 방수포를 이용하여 대형 화재를 신속히 제어
- 소방대원들이 휴대용 소화 장비를 활용하여 국소적인 화재를 진압
- 유류 화재 등 특정 화재에서는 물과 함께 첨가제를 사용하여 소화 효율을 증가

3. 물 소화약제의 사용 통계 및 효과 분석

1) 물 소화약제의 활용 비율

- 전 세계적으로 소방 활동에서 물이 사용되는 비율은 약 85% 이상
- 도심 화재에서는 90% 이상, 산업 화재에서는 약 75% 사용됨
- 유류 및 전기화재의 경우 물 사용이 제한되므로 다른 소화약제와 병행 사용됨

2) 물 소화약제의 장점 및 한계

(1) 장점

- 물이 풍부하고 경제적이며 재충전이 용이함

- 높은 냉각 효과로 화재 확산을 효과적으로 억제할 수 있음
- 환경에 미치는 부정적인 영향이 적음

(2) 한계

- 전기화재 및 유류 화재에는 적절하지 않을 수 있음
- 건물 내부에서는 다량 사용 시 구조물 손상을 유발할 가능성이 있음
- 화재 현장에서 빠른 증발로 인해 지속적인 소화력을 유지하는 것이 어려울 수 있음

4. 물 소화약제의 최신 기술과 연구 동향

1) 첨가제를 활용한 소화 성능 향상

- 침윤제, 강화액(AFFF), 냉각 촉진제 등의 첨가제를 추가하여 소화 효율을 개선
- 유류 및 화학 화재에서도 물 소화약제가 더욱 효과적으로 작용하도록 연구 진행 중

2) 친환경적인 물 소화약제 개발

- 기존 화학 첨가제 대신 친환경 소재 기반의 소화액 연구
- 지하수 및 해수를 활용한 대규모 화재진압 기술 개발

3) 고효율 미세 방수 시스템

- 기존의 직사형 방수 방식 대신 미분무 방식을 도입하여 더 적은 물로 높은 소화력을 확보
- 밀폐된 공간에서의 질식소화 효과를 극대화할 수 있도록 시스템을 개발 중

5. 미래 전망

- 물 소화약제는 앞으로도 주요한 화재진압 수단으로 자리 잡을 것으로 예상됨
- 기술 발전을 통해 기존의 한계를 극복하고, 더욱 효율적인 화재 대응 체계가 마련될 전망

- 물과 결합한 복합 소화 시스템(가스계, 분말 소화약제 병행)이 더욱 확대될 가능성이 높음

화재진압에서 물 소화약제는 여전히 가장 보편적으로 사용되는 소화 수단 중 하나이다. 전 세계적으로 소방 시스템에서 물은 대규모 산업시설, 주거 지역, 상업 공간에서 주요 소화제 역할을 수행하고 있다.

표 4.4 주요 시설별 물 소화약제 사용 비율

시설 유형	물 소화약제 사용 비율
주거 시설	85%
상업 시설	75%
공장 및 산업 시설	90%

1.8 물 소화약제 적용 사례

1. 건축물 화재에서의 적용 사례

1) 아파트 화재진압 사례

- 2023년 서울의 한 아파트에서 발생한 화재에서 스프링클러 시스템이 작동하여 화재가 빠르게 진압됨
- 물 소화약제를 활용한 초기 진압 덕분에 화재가 확산하지 않고 최소한의 피해로 종료됨

그림 4.3 물 소화 시스템이 적용된 건물 내부 구조

2) 상업 건물 화재진압 사례

- 한 백화점에서 발생한 전기화재의 경우, 물 소화약제 단독 사용이 어려웠음
- 전기 설비 주변에는 화재 확산을 막기 위해 미분무 시스템이 적용되어 효과적으로 연소를 억제함
- 물 소화약제와 가스계 소화약제를 함께 사용하는 복합 화재 대응 방식이 효과적이었음

2. 산업 및 공장 화재에서의 적용 사례

1) 화학 공장 화재진압 사례

- 대형 화학 공장에서 화재 발생 시, 물 소화약제가 즉각적으로 사용되어 초기 진압이 가능했음
- 하지만 특정 화학물질과 물이 반응하여 위험한 가스를 방출할 위험이 있어 일부 구역에서는 강화액(AFFF)이 함께 사용됨
- 물과 보조 소화약제를 조합하여 효과적인 화재 대응이 이루어짐

2) 전자 공장 화재 사례

- 반도체 제조 공장에서 발생한 화재에서는 직접적인 물 사용이 제한됨
- 대신, 미분무 방수 시스템이 적용되어 장비 손상을 최소화하면서 효과적인 화재진압이 이루어짐

3. 산불 및 야외 화재에서의 적용 사례

1) 산불 진압 사례

- 2022년 강원도에서 발생한 대형 산불에서 헬기를 이용한 공중 방수가 효과적으로 이루어짐
- 침윤제가 포함된 물을 활용하여 나무와 토양에 빠르게 스며들도록 유도함
- 기존의 물 소화약제보다 더 적은 양으로도 높은 소화 효과를 달성

2) 도로변 차량 화재진압 사례

- 고속도로에서 발생한 차량 화재에서 소방차의 고압 방수포를 사용하여 신속히 불길을 진압함
- 전기차 화재의 경우, 배터리 열폭주를 방지하기 위해 대량의 물을 사용하여 지속해서 냉각함

4. 선박 및 항공기 화재에서의 적용 사례

1) 선박 화재진압 사례

- 해상에서 발생한 대형 선박 화재에서 물 소화약제가 대량으로 사용됨
- 높은 기온과 바람의 영향을 받는 환경에서 지속적인 방수를 통해 화재 확산을 차단함
- 일부 구역에서는 강화액(AFFF)이 함께 사용되어 연료 화재의 진압 효과를 높임

2) 항공기 착륙 후 화재 대응 사례

- 착륙 중 발생한 항공기 엔진 화재에서 물과 강화액을 혼합하여 소화작업을 수행함
- 짧은 시간 내에 화재를 진압하고, 승객들의 안전을 확보하는 데 기여함

5. 미래의 물 소화약제 적용 전망

- 물 소화약제는 앞으로도 다양한 분야에서 활용될 것이며, 기술 발전을 통해 더욱 효과적인 화재 대응이 가능할 것으로 예상됨
- 친환경적인 물 소화약제 개발이 진행 중이며, 물 사용량을 최소화하면서도 높은 소화력을 유지하는 기술이 연구되고 있음
- 인공지능(AI) 기반 화재 감지 시스템과 결합하여 최적의 물 분사 전략을 적용하는 스마트 소화 시스템이 개발 중임

2 주수 방식과 소화 효과

2.1 주수 방식별 소화 효과 비교

1. 직사형 주수

- 강한 수압으로 직접 화재 부위에 물을 공급하여 냉각 효과를 극대화함
- 빠른 열 제거를 통해 연소 물질의 온도를 급격히 낮추어 화재 확산을 방지함
- 높은 수압으로 화재 중심부에 직접 작용하여 구조물 붕괴 전 신속한 진압 가능
- 제한된 방향성과 높은 수압으로 인해 섬세한 조정이 필요함
- 주로 대형 창고, 공장, 야외 대형 화재에서 사용됨

2. 분무형 주수

- 넓은 면적으로 물을 분사하여 열을 빠르게 흡수하고 연소 가스를 희석함
- 비교적 낮은 압력으로 연소 구역 전체에 고르게 분포하여 소화 효과를 극대화함
- 물 입자가 미세하여 연료 표면을 덮고 냉각을 촉진함
- 연소 생성물 및 유독가스 희석 효과가 커서 실내 화재 및 밀폐된 공간에서 효과적임
- 병원, 극장, 쇼핑몰, 지하철 등에서 활용됨

표 4.5 주수 방식(직사, 분무, 미분무)의 소화 효과 차이

주수 방식	냉각 효과	질식 효과	연소 가스 희석	주요 활용 사례
직사형	매우 강함	없음	낮음	대형 화재, 창고 화재, 공장 화재
분무형	강함	일부 있음	높음	실내 화재, 산업 시설, 지하 공간
미분무수	중간	강함	매우 높음	전산실, 박물관, 밀폐 공간, 전기 시설

3. 미분무수 시스템

- 미세한 물 입자를 활용하여 증발잠열을 극대화하고, 산소 희석 효과를 유도함

- 매우 작은 입자로 기화가 신속하게 진행되면서 냉각과 질식 효과를 동시에 제공함
- 물 사용량이 적고, 화재 피해를 최소화할 수 있어 전산실, 박물관 등 민감한 환경에서 효과적임
- 특히 전기 설비가 많은 곳에서 감전 위험 없이 사용할 수 있음
- 산업 플랜트, 데이터 센터, 연구소, 미술관 등에서 활용됨

2.2 직사형: 대형 화재에서의 강한 냉각 효과

1. 직사 주수 방식의 작용 메커니즘

- 고압으로 직접 화재 부위에 물을 공급하여 빠른 냉각을 유도함
- 물이 연소 구역을 직접 덮으며 발화 지점을 신속히 냉각하여 연소 속도를 저하시킴
- 대량의 물을 집중 투입함으로써 화염을 즉각적으로 억제함
- 높은 운동 에너지를 가진 물줄기가 연료 표면을 직접 타격하여 불꽃을 빠르게 진압함
- 강한 수압으로 인해 연소된 구조물이 붕괴될 위험이 있어 신중한 조작이 필요함

2. 효과적인 활용 예시

- 대규모 산업시설에서 빠르게 확산하는 화재진압
- 창고, 물류센터, 제조업 공장에서 대량 가연물을 대상으로 한 신속한 소화
- 대형 석유화학 플랜트의 초기 화재 억제
- 산불 확산 차단을 위해 강력한 직사형 방수를 적용

3. 대형 화재에서 냉각 중심 소화 과정

- 연소 물질의 온도를 낮춰 발화점 이하로 유지하는 것이 핵심
- 지속적인 방수를 통해 가연물의 추가 연소를 방지함
- 발화점 이상의 온도를 가진 구조물이나 장비를 냉각하여 2차 화재 발생을 예방함
- 석유화학 공장, 대형 공장 화재에서는 대량의 물을 사용하여 방사열로

인한 연쇄 화재를 차단함

- 공장 및 산업 지역에서는 방수포(방수 모니터)를 활용하여 원거리에서도 대량의 물을 분사하여 화재를 제어함

2.3 분무형: 표면적 증가에 따른 냉각 및 질식 효과

1. 소화 효과를 극대화하는 분무 형태와 활용 방법

- 물 입자를 미세하게 분사하여 넓은 표면적을 형성함
- 물이 증발하면서 다량의 열을 흡수하여 냉각 효과를 극대화함
- 연소 가스를 희석하여 연료와 산소의 접촉을 차단함
- 실내 화재, 공공시설 및 산업 현장에서 주로 사용됨

2. 분무형 주수 방식의 작동 원리

- 고압으로 물을 미세한 입자로 변환하여 넓은 면적에 분사함
- 물방울이 공기 중의 열을 흡수하면서 급격히 기화하여 냉각 효과를 유발함
- 연소 생성물을 희석하여 유독가스의 농도를 낮춤
- 높은 확산력을 가지고 있어 연소 물질 주변의 온도를 빠르게 낮출 수 있음

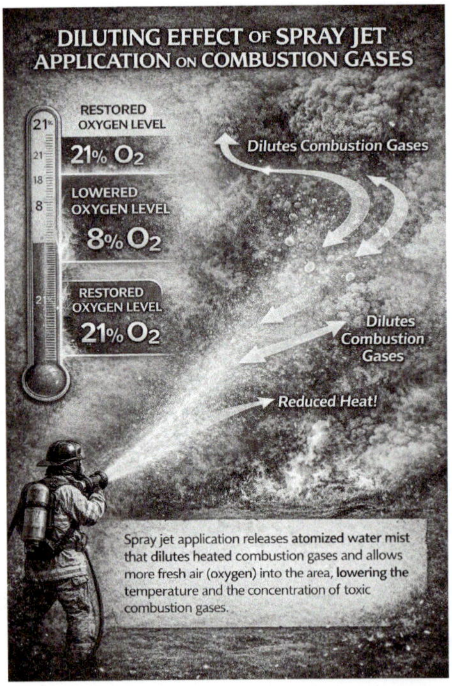

그림 4.4 분무 주수 방식의 연소 가스 희석 효과

3. 분무형 주수의 주요 장점과 한계

1) 장점

- 냉각과 질식 효과를 동시에 유발하여 소화 효율이 높음
- 물 사용량이 상대적으로 적어 환경적 영향을 최소화할 수 있음
- 연소 생성물 희석 효과로 유독가스를 줄여 피난 경로 확보에 유리함
- 화재진압 후 잔여 수분이 적어 2차 피해를 최소화할 수 있음

2) 한계

- 직사형 주수보다 침투력이 낮아 깊이 있는 연소 물질에는 제한적
- 바람의 영향을 많이 받아 효과적인 분사가 어려울 수 있음
- 고압 시스템이 필요하여 설치 및 유지보수 비용이 상대적으로 높음

4. 분무형 주수 방식의 추가 응용 사례

- 고층 건물 화재에서 피난 경로 확보를 위한 연소 가스 희석에 활용됨
- 공항 및 지하철 역사에서 유독가스 농도를 줄이는 데 사용됨
- 차량 화재에서 엔진룸과 객실 내부 냉각을 위한 효과적인 방법으로 활용됨
- 산업시설에서 가연성 물질 취급 구역에 미리 분사하여 화재 예방 목적으로 활용됨

2.4 미분무수 시스템: 기화열 활용과 질식 효과 병행

1. 미세한 입자 형태의 물이 화재 진압에 미치는 복합적 작용

- 물 입자가 작을수록 증발 속도가 빨라지고 냉각 효과가 극대화됨
- 미세한 수증기가 화염 주위의 산소 농도를 희석하여 질식 효과를 유도함
- 입자 크기(10~200μm)가 감소할수록 연소 가스 희석 효과가 증가함

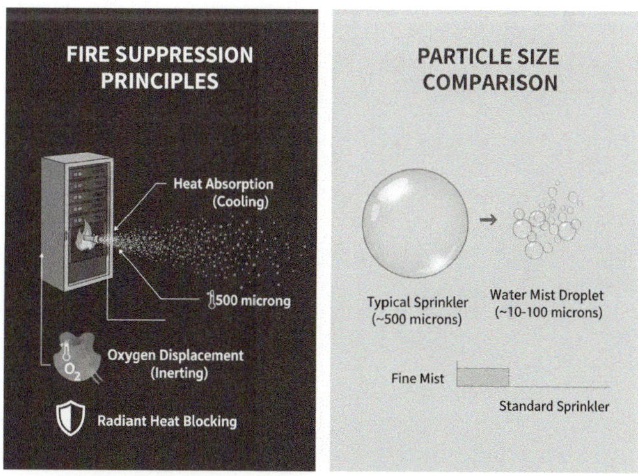

그림 4.5 미분무 시스템의 소화 원리 및 입자 크기 비교

2. 미분무수 시스템의 작동 원리

- 고압 펌프를 이용하여 물을 미세한 입자로 분사함
- 분사된 물이 화재 주변에서 빠르게 증발하며 냉각과 산소 희석 효과를 유발함
- 열이 많은 공간에서도 최소한의 물 사용으로 효과적인 소화가 가능함
- 데이터 센터, 박물관, 병원 등 수분에 민감한 환경에서 적용됨

3. 미분무수 소화 시스템의 장점과 한계

1) 장점

- 매우 작은 물 입자를 이용하여 화재진압 시 냉각 및 질식 효과를 극대화할 수 있음
- 물 사용량이 적어 전자 장비나 문화재 보호에 적합함
- 열이 높은 지역에서도 증발 속도가 빨라 화재 확산을 신속하게 차단함

2) 한계

- 시스템 구축 비용이 높으며, 유지보수가 필요함
- 연소 물질의 종류에 따라 적용이 제한될 수 있음
- 개방된 공간에서는 효과가 감소할 수 있어 밀폐된 환경에서 주로 활용됨

3 물 소화약제의 한계와 보완책

3.1 물 소화약제의 한계

1. 전기화재 및 유류 화재에서의 비적응성

1) 물은 일반적인 화재(목재, 종이, 천 등 가연성 고체) 진압에는 효과적이나, 전기화재 및 유류 화재에서는 한계 존재

2) 전기화재에서 물 사용의 위험성

- 물은 전기를 통전시켜 감전 위험 초래
- 전기 기기 손상 가능성 증가

표 4.6 전기화재 및 유류 화재에서 물 소화약제 적용 문제점

화재 유형	문제점
전기 화재	감전 위험, 합선 유발 가능성
유류 화재	기름층 확산, 화재 확대 가능성

그림 4.6 물과 기름의 비혼합성 원리

3) 유류 화재에서 물 사용의 비효율성

- 물과 기름은 섞이지 않으며, 물보다 가벼운 기름이 표면에 떠 화재 확산 가능성 증가
- 물을 부었을 때 오히려 불이 튀어 위험 확대

2. 물 소화약제의 물리적·화학적 특성 한계

1) 기화 에너지의 한계

- 물은 높은 비열과 기화열을 가지고 있어 화재진압 시 다량의 열을 흡수하지만, 특정 고온 환경에서는 즉각적인 소화 효과 감소
- 초고온 화재에서는 물이 증발하여 불꽃에 직접적인 영향을 주지 못하는 경우 발생

2) 산소 차단 능력 부족

- 물은 연소 물질을 냉각시키는 역할은 하지만, 산소 공급을 완전히 차단하는 기능이 부족함
- 연소가 지속될 경우, 지속적인 물 공급이 필요하여 소화 시간 연장 가능

3.2 물이 전기를 통전시키는 원리 및 전기화재에서 사용 제한 이유

1. 전류 전도성 원리

- 순수한 물은 전기 전도성이 낮으나, 일반적으로 수돗물이나 자연수에는 다양한 이온(전해질)이 포함되어 있음
- 이러한 이온들은 전류를 쉽게 이동시키므로 물이 전기를 통전시키는 원인이 됨

2. 전기화재에서 물 사용의 위험성

- **감전 위험 증가**: 물이 전기를 통전시켜 소방관 및 주변 인원이 감전될 위험
- **합선 유발 가능성**: 물이 기기에 스며들어 내부 배선과 접촉하면서 추가적인 합선 사고 발생 가능
- **전자기기 손상**: 물이 침투하여 전기 회로 및 부품을 손상시켜 복구가 어려움

3. 절연성 물질을 활용한 해결책

- 절연 성분이 포함된 특수 물 소화약제 개발로 전기화재에서도 안전한 사용 가능
- 이산화탄소(CO_2) 및 건식 소화제(ABC 분말) 사용 권장

3.3 물과 기름의 비혼합성에 따른 유류 화재 비효율성 설명

1. 물과 기름의 밀도 차이

- 물의 밀도는 약 1.0 g/cm³이고, 대부분의 유류(가솔린, 디젤, 식용유 등)의 밀도는 0.7~0.9 g/cm³로 물보다 가벼움

- 이로 인해 물을 부으면 기름이 물 위에 떠 있으며, 화재가 더욱 확산할 가능성이 높아짐

2. 물과 기름의 분자 구조 차이

- 물은 극성 분자로 이루어져 있고, 기름은 비극성 분자 구조를 가짐
- 이 때문에 물과 기름이 서로 섞이지 않고 분리된 상태를 유지함
- 화재 시 물을 뿌려도 기름층을 덮지 못하고 그대로 유지되므로 소화 효과가 낮음

3. 유류 화재에서 물 사용의 위험성

- 물을 부었을 때 기름층이 물 위에 분산되어 불길이 더 넓게 확산할 가능성이 큼
- 특히, 끓는 기름에 물이 닿으면 순간적으로 기화하며 폭발적인 화염을 유발할 위험이 있음 (유증기 폭발)
- 주방 화재(식용유 화재)에서는 물 대신 K급 소화기 또는 포 소화약제 사용이 필수적임

4. 유류 화재의 적절한 소화 방법

- 포 소화약제 사용: 기름 표면에 포를 형성하여 산소 공급을 차단하고 화재를 진압
- 건식 분말 소화약제 사용: 연소 반응을 중단시키고 화재 확산 방지
- 불연성 담요 사용: 산소 공급을 차단하여 불길을 제거

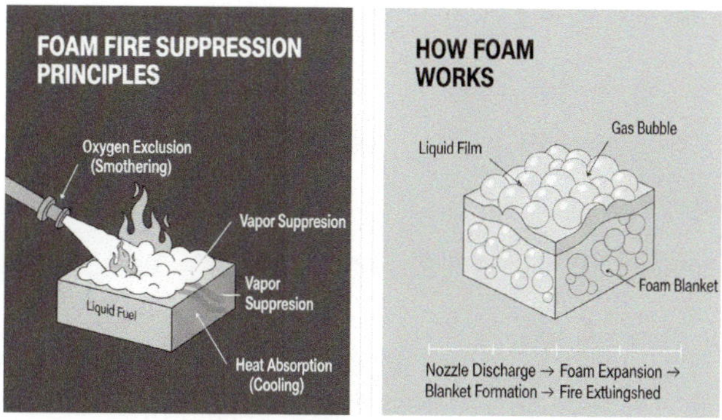

그림 4.7 포 소화약제의 소화 원리

3.4 첨가제(강화액, 침윤제) 활용을 통한 보완

1. 강화액 소화약제

- 물에 내화학성 물질을 첨가하여 소화력을 향상시킨 소화제
- 일반적인 물 소화약제보다 침투력과 냉각 효과가 높아 효과적인 화재 진압 가능
- 유류 화재에서도 물과 기름의 비혼합성을 극복하여 소화 효율을 증대시킴
- 일부 강화액은 전기화재에서 사용 가능한 절연 특성을 가짐
- 예시 강화액 성분
  ① **불소계 계면활성제**: 기름 표면에서 포막을 형성하여 산소 공급 차단
  ② **친수성 첨가제**: 연소 물질 표면으로 물이 빠르게 퍼지도록 개선②

2. 침윤제 첨가

- 물의 표면장력을 낮추어 연소 물질에 더욱 깊이 스며들도록 도와줌
- 다공성 물질(목재, 섬유, 종이 등) 화재에서 효과적
- 물이 더 넓고 빠르게 퍼지도록 하여 초기 화재진압에 유리함
- 침윤제는 소량만 첨가해도 물의 소화 성능을 크게 증가시킴

3. 강화액과 침윤제의 결합 사용

- 특정 화재 유형에 따라 강화액과 침윤제를 조합하여 활용 가능
- 예를 들어, 유류 화재에는 강화액을 사용하여 기름층 위에 안정적인 소화막을 형성하고, 목재 화재에는 침윤제를 활용하여 신속한 진압이 가능함
- 이러한 첨가제 기술은 기존 물 소화약제의 한계를 극복하고 다양한 화재 상황에서의 대응력을 높이는 데 기여함

3.5 물 소화약제의 한계를 보완하는 화학적 개선 방법 소개

1. 유화제 첨가

- 물과 기름을 혼합할 수 있도록 유화제를 첨가하여 유류 화재에서도 효

과적인 소화 가능
- 기름층과 물이 쉽게 분리되지 않도록 유화제를 활용하여 소화 성능 향상
- 예시 유화제 성분
  ① **계면활성제:** 물과 기름의 경계를 줄여 혼합 가능하게 함
  ② **친유성 화합물:** 기름과 결합하여 유화 형성
- **활용 분야:** 산업 현장의 유류 저장소, 주방 화재, 석유화학 공장 등

2. 절연 성분 첨가

- 전기 전도성을 낮추어 전기화재에서도 안전한 물 소화약제 개발
- 감전 위험을 줄이고 전기화재 진압 시 물의 활용도를 높임
- 대표적인 절연 성분
  ① **불소계 화합물:** 물의 전기 전도성을 낮추어 전기 소화 안전성 강화
  ② **유기 실리콘 첨가제:** 물의 전도성을 감소시키면서도 냉각 효과 유지
- **적용 사례:** 서버실, 전기 설비 구역, 발전소 등 전기적 위험이 높은 환경

3. 고형화 첨가제 도입

- 물을 젤 형태로 변형하여 소화력 강화 및 응용 범위 확대
- 흐름을 조절하여 화재 확산 방지 및 특정 구역에 효과적으로 적용 가능
- 고형화 소화약제의 주요 특징
  ① 점성이 증가하여 기체화 방지 및 연소 물질 표면에 오랫동안 유지 가능
  ② 화재진압 후 잔류물 감소로 인한 환경 보호 효과
- **활용 예시:** 삼림 화재, 산업용 대형 화재, 차량 화재진압

4. 냉각 효과 증대 화합물 추가

- 물의 비열을 증가시키는 성분을 추가하여 냉각 효과 극대화
- 고온 환경에서도 물의 증발 속도를 줄여 지속적인 화재진압 가능
- 주요 화합물
  ① **무기염 첨가제:** 물의 열 흡수량을 증가시켜 불꽃을 신속하게 제거

② **금속 이온 기반 첨가제**: 화재의 열에너지를 효율적으로 흡수하여 화재 확산 방지

- **적용 대상**: 대형 산업 화재, 철강 및 제조업 공정 중 발생하는 고온 화재

5. 산소 차단 화합물 추가

- 물에 화학적 산소 차단제를 추가하여 소화 성능 향상
- 불활성기체를 생성하여 화재진압 효과 극대화
- **주요 성분**

① 포 소화약제와 결합하여 산소 공급을 차단하는 첨가물

② 이산화탄소 발생 화합물: 물이 분해되면서 불활성기체를 방출하여 연소 차단

- **적용 사례**: 연료 저장소, 밀폐된 공간 내 화재, 항공기 화재 등

6. 다기능 소화약제 개발

- 위의 여러 화학적 개선 방법을 결합하여 특정 화재 환경에 맞춘 맞춤형 소화약제 개발
- 첨가제 조합을 통해 다양한 화재 유형(전기, 유류, 목재, 플라스틱 화재 등)에 대응 가능
- 다기능 소화약제의 장점
- 하나의 약제로 다양한 유형의 화재진압 가능
- 환경친화적인 성분을 포함하여 인체 및 환경에 대한 안전성 확보
- **적용 대상**: 화재 위험이 다양한 복합시설, 산업 단지, 대형 상업용 건물 등

4 물 소화약제의 첨가제

4.1 침윤제(Wetting Agent)

1. 개요

- 표면장력을 저감하여 물이 고체 표면에 더 잘 확산하도록 함
- 물이 연소 물질에 더욱 깊이 침투하여 냉각 효과를 극대화
- 주로 고형 화재(Class A)에서 사용됨

2. 침윤제의 화학적 작용 원리 및 소화력 증가 메커니즘

- 계면활성제가 포함되어 있어 물의 표면장력을 감소시킴
- 물이 불에 타는 물질의 모세관 내부로 빠르게 스며들도록 함
- 물의 증발 속도를 높여 냉각 효과 증대
- 결과적으로 연소 지속성을 감소시키고 화재를 신속하게 진압

3. 침윤제의 적용 사례 및 효과

- 목재, 섬유, 종이 등 다공성 연소 물질에서 효과적
- 산불 진압 시 침윤제를 포함한 물을 사용하여 지표면 및 유기물 냉각
- 실험 결과, 침윤제가 포함된 물은 일반 물보다 화재 확산 속도를 50% 이상 감소시킴
- 농업 및 산업 시설에서도 활용 가능

4.2 강화액 소화약제(Aqueous Film-Forming Foam, AFFF)

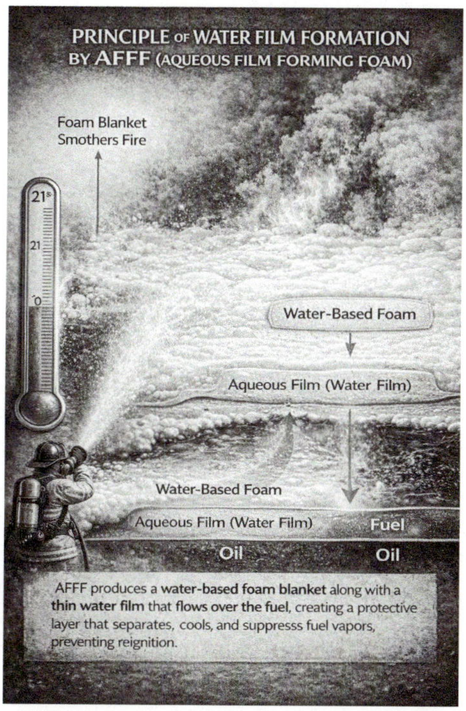

그림 4.8 강화액 소화약제(AFFF)의 수막 형성 원리

1. 개요

- 유류 화재(Class B) 진압에 효과적인 소화약제
- 물과 불화계 계면활성제를 포함하여 연소 억제 필름(Film) 형성

2. 강화액의 소화 원리

- 물 표면에 형성되는 수막(Film)이 산소 공급을 차단하여 연소를 억제
- 물보다 밀도가 낮아 유류 화재 표면을 덮고 연료 증발을 차단
- 증발 냉각 효과를 통해 화재진압 속도 증가

3. 강화액 소화약제의 주요 성분과 작용 원리

- 불소계 및 탄화수소계 계면활성제 포함
- 물과 결합하여 얇은 막을 형성, 연소 표면을 덮음
- 기화 억제 및 냉각 효과 발생

4. 유류 화재에서의 효과적 활용

- 항공기 연료, 석유 저장소, 산업시설에서 사용됨
- 기존 물 소화약제보다 화재진압 속도가 빠르고, 재발 방지 효과 우수
- 실험 데이터 기반으로 효과 입증

4.3 실험 데이터 기반 강화액 사용 사례 정리

- 실험을 통해 AFFF 적용 시 연소 시간 감소 및 온도 하락 확인
- 유류 화재진압 성공률 증가
- 비교 실험을 통해 AFFF의 소화 성능 평가
- 실험 결과, AFFF를 사용한 유류 화재 진압 시 소화 시간이 기존보다 50% 이상 단축됨
- AFFF를 사용한 연료 화재 실험에서 화염 높이가 70% 이상 감소하였으며, 재발 방지 효과가 높음
- 다양한 환경 조건(온도, 바람 등)에서 실험한 결과, AFFF는 일관된 소화 성능을 보임
- 산업 현장에서의 실험을 통해 강화액 사용이 연료 유출 화재의 확산을 효과적으로 막음
- 유류 저장소 및 공항에서 AFFF 사용 후 화재진압 시간이 평균 60% 단축됨

5 친환경 물 소화약제 및 최신 연구 동향

5.1 친환경적인 물 소화약제 개발 필요성 및 규제 동향

1. 기존 소화약제의 환경 문제

- 불소계 화합물(FP, AFFF 등) 사용으로 인한 환경 오염
- PFAS(과불화화합물) 문제로 인한 사용 제한 증가
- 오존층 파괴 및 지구온난화 유발 물질 포함

2. 친환경 소화약제 개발 필요성

- 인체 및 환경에 무해한 대체물질 요구 증가
- 규제 강화에 따른 기존 약제 대체 필요
- 재생 가능 자원 활용을 통한 지속 가능성 확보

3. 국제 및 국내 규제 동향

- 미국 EPA: PFAS 포함 소화약제 규제 강화
- EU REACH: 환경 유해 물질 사용 제한
- 대한민국: 친환경 소화약제 사용 권장 정책 추진

표 4.7 주요 국가별 친환경 소화약제 관련 규제 동향

구분	주요 규제 내용
미국	PFAS 포함 소화약제 사용 금지 및 대체 약제 연구 지원
유럽 연합	REACH 규제에 따라 환경 유해 물질 사용 제한
대한민국	친환경 소화약제 인증제도 추진

5.2 화학 첨가제를 최소화한 신소재 활용 연구 사례

1. 기존 화학 첨가제의 문제점

- 독성 및 잔류성이 높은 화학물질 포함
- 수질 및 토양 오염 유발 가능성
- 생태계 교란 문제 발생

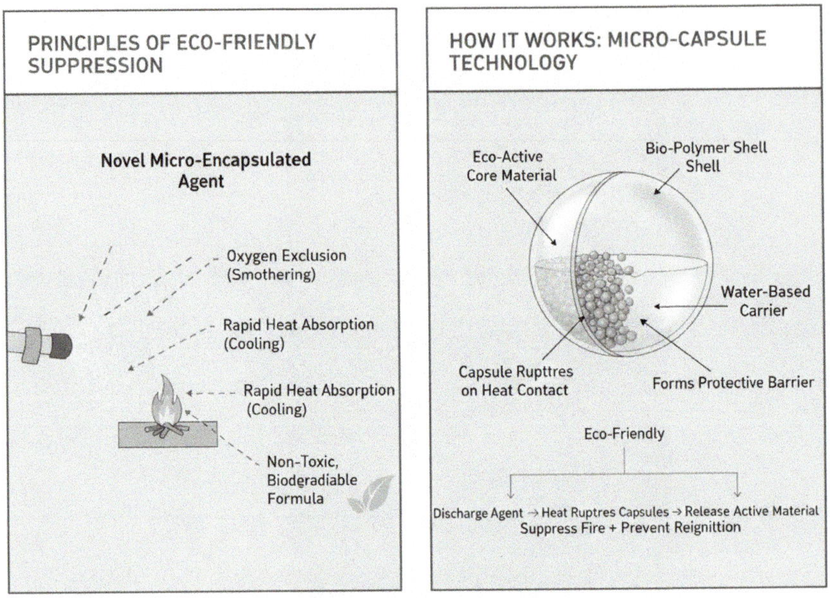

그림 4.9 친환경 신소재 소화약제 개념도

2. 친환경 신소재 적용 사례

- 천연 미네랄 기반 소화약제 개발
- 바이오 소재를 활용한 친환경 첨가제 연구
- 나노기술을 적용한 친환경 소화 성능 강화 기술

5.3 미세 수분 입자를 이용한 신개념 소화 시스템

1. 미세 수분 입자의 소화 원리

- 초미세 물 입자를 이용한 냉각 효과 극대화
- 산소 차단 효과로 연소 반응 억제
- 증발잠열을 이용한 효과적인 열 제거

2. 최신 연구 및 기술 개발 동향

- 초음파를 활용한 미세 수분 분무 시스템 개발
- 정전기 기술을 적용한 수분 입자 제어 연구
- 산업 현장 및 밀폐 공간 내 적용 사례 증가

표 4.8 미세 수분 입자를 활용한 소화 시스템 연구 사례

연구 분야	주요 기술	적용 사례
초음파 분무 시스템	초미세 수분 분사 기술	실내 소화 시스템
정전기 제어 기술	정전기력을 이용한 입자 제어	화재 위험이 높은 시설
나노코팅 적용	나노소재 활용한 수분 유지	배터리 화재 예방

3. 적용 가능 분야

- 산업 현장(공장, 물류창고 등) 및 데이터센터
- 배터리 화재 예방을 위한 전기차 및 ESS 시스템
- 군사 및 항공기 화재 대응 시스템

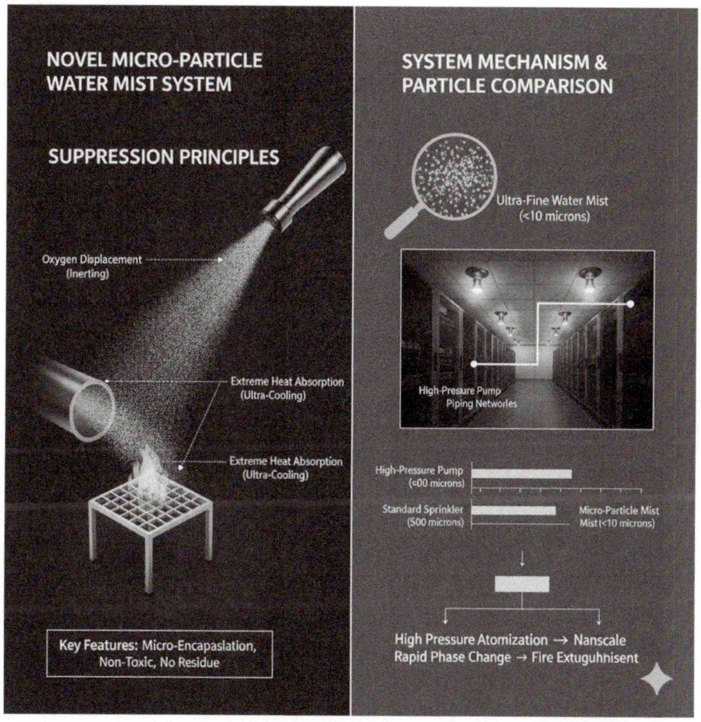

그림 4.10 미세 수분 입자를 활용한 신개념 소화 시스템 개념도

연습문제

01 물 소화약제의 주요 소화 원리(냉각 효과, 질식 효과 등)를 설명하시오.

02 주수 방식(직사, 분무, 미분무)에 따른 소화 효과의 차이를 비교하시오.

03 전기화재 및 유류화재에서 물 소화약제가 비효율적인 이유를 설명하시오.

04 강화액 소화약제(AFFF)의 원리와 유류 화재에서의 활용 사례를 설명하시오.

05 침윤제가 물의 소화 효과를 향상시키는 메커니즘을 논하시오.

06 미분무 시스템이 기존의 직사 및 분무 방식과 비교하여 가지는 장점을 설명하시오.

07 친환경적인 물 소화약제 개발 필요성과 연구 동향을 논하시오.

참고문헌

- NFPA. (2021). Water-Based Fire Suppression Systems.
- 한국소방학회. (2020). 소방유체역학.
- SFPE. (2021). Principles of Fire Protection Engineering.
- ISO 21806:2022, Water Mist Fire Protection Systems.
- 소방청. (2023). 친환경 소화약제 연구 동향 보고서.

CHAPTER 05

포 소화약제

학습목표

- 포 소화약제의 개념과 소화 원리를 이해하고 이를 구체적인 화재 상황에 적용할 수 있다.
- 포 소화약제의 분류와 특징을 설명할 수 있다.
- 포 소화약제의 혼합 방식과 저장 방법을 체계적으로 이해하고 관리 기준을 수립할 수 있다.
- 포 소화약제의 적용 사례를 분석하고, 환경적 영향(PFAS 등)을 평가할 수 있다.
- 포 소화약제의 물리적 특성(팽창비, 배수율 등)을 이해하여 실무에 활용할 수 있다.

1 포 소화약제의 개념과 소화 원리

1.1 포 소화약제(Foam Fire Extinguishing Agent)의 개념

본 장에서의 포 소화약제 분류는 현행 화재안전기준(NFTC, NFPC)에 따라 저팽창과 고팽창 체계를 기준으로 설명한다.

1. 포 소화약제의 정의

- 포 소화약제는 거품(Foam) 형태로 방사되어 화재를 진압하는 소화약제로, 주로 유류 화재(Class B) 및 특정 고체 화재(Class A)에 사용됨
- 거품이 연소 표면을 덮어 산소 공급을 차단하고, 연소물의 냉각 및 증기 차단 효과를 통해 화재 확산을 방지함
- 물리적, 화학적 특성을 기반으로 다양한 유형이 있으며, 각각의 특성에 따라 특정 화재 유형에 적합하게 사용됨

2. 포 소화약제의 필요성

- 유류 화재와 같은 액체 연료 화재의 경우, 물만으로는 소화가 어렵기 때문에 특수 소화 기술이 필요함
- 포 소화약제는 가연성 증기의 발생을 막고, 산소 공급을 차단하여 화재를 효과적으로 억제함
- 밀폐된 공간(예: 항공기 격납고, 터널 등)에서 질식소화 효과를 극대

화할 수 있음
- 산업시설, 석유화학 공장, 공항, 선박 등에서 필수적인 소화약제로 사용됨

3. 포 소화약제의 주요 구성 요소

- 물(Water): 포 소화약제의 주된 용매이자 냉각 작용을 담당하는 요소
- 계면활성제(Surfactant): 물과 공기가 쉽게 섞이도록 도와 거품이 형성되도록 함
- 포 형성제(Foaming Agent): 공기와 물이 혼합되어 거품이 형성되는 과정에서 균일한 거품 구조를 유지하도록 도움
- 안정제 및 첨가제(Stabilizers & Additives): 거품의 유지 시간을 늘리고 배수율을 조절하여 소화 지속성을 강화함

4. 포 소화약제의 유형

- 단백계 포(Protein Foam): 단백질을 기반으로 한 거품으로, 주로 유류 화재 진압에 사용됨
- 불소계 막 형성 포(AFFF): 유류 표면에 막을 형성하여 증기 차단 효과를 극대화함
- 불소계 단백계 포(FFFP): 단백계 포의 장점과 불소계 포의 막 형성 능력을 결합한 유형
- 알코올 내성 포(AR-AFFF): 극성 용제(알코올, 케톤 등)에 적합한 거품을 형성함
- 친환경 포(PFAS-Free Foam): 환경 규제에 대응하여 개발된 불소계 화합물이 없는 포 소화약제

1.2 포 소화약제의 소화 원리

포 소화약제는 질식, 냉각, 증기 차단, 열복사 차단 등의 원리를 통해 화재를 진압한다. 이러한 원리는 개별적으로 작용하기도 하고, 동시에 작용하여 효과적인 화재 진압을 수행할 수 있다.

1. 질식 효과(Smothering Effect)

- 포 소화약제가 연소 표면을 덮어 산소 공급을 차단하여 화재를 진압하는 원리
- 유류 화재와 같은 액체 연료 화재는 연소를 위해 대기 중의 산소를 필요로 함
- 포 거품층이 연소 표면을 완전히 덮어 산소와 연소물의 접촉을 막고 연소를 멈추게 함
- 특히, 밀폐 공간에서의 화재 진압에 효과적이며, 항공기 격납고, 터널 화재 등에 적합함
- 저팽창포가 질식 효과에 효과적이며, 고팽창포는 완전히 밀폐된 공간에서 질식소화를 극대화할 수 있음

그림 5.1 포 소화약제의 질식 효과

2. 냉각 효과(Cooling Effect)

- 포 소화약제는 물 성분을 포함하고 있으며, 방사 후 증발하는 과정에서 열을 흡수하여 연소 온도를 낮춤
- 화염이 지속되기 위해서는 충분한 열이 유지되어야 하는데, 냉각 효과를 통해 연소를 지속할 수 없는 온도로 낮춤
- 불꽃의 온도가 낮아지면 연소 지속성이 감소하며, 화재가 자연스럽게 진압됨

- 특히, AFFF(Aqueous Film-Forming Foam)는 냉각 효과가 뛰어나고, 유류 화재에 대한 소화 속도를 증가시킴

그림 5.2 포 소화약제의 냉각 효과

3. 증기 차단 효과(Vapor Suppression Effect)

- 유류 화재에서는 연소 표면에서 발생하는 가연성 증기(Fuel Vapor)가 연소를 지속시키는 원인이 됨
- 포 소화약제는 연소 표면을 덮고 보호막을 형성하여 증기의 방출을 차단함
- 일반적으로 유류 화재에서는 증기 압력이 낮아지면 화염이 약해지고 꺼지는 특성이 있음
- 포 소화약제가 표면을 덮고 있을 경우, 연료에서 증기가 발생하지 않도록 막아 재발화를 방지함
- 특히 극성 용제 화재(알코올, 케톤 등)에서는 일반 AFFF 거품이 쉽게 용해되므로, 알코올 내성 포(AR-AFFF, Alcohol-Resistant AFFF)가 사용됨

4. 열복사 차단 효과(Radiant Heat Shielding)

- 포 거품층이 연소 표면을 덮음으로써 주변으로의 열복사(Radiant Heat) 전파를 막아 화재 확산을 방지
- 유류 화재나 산업시설 화재에서 주변 시설이나 저장 탱크로 화재가 확산하지 않도록 하는 역할을 수행
- 열복사가 차단되면 인근 가연물의 온도가 상승하는 것을 방지하여 화재 확산을 막을 수 있음
- 포 소화약제의 두꺼운 거품층이 형성될 경우, 외부의 열전달을 효과적으로 감소시킴

5. 포 소화약제의 복합적인 소화 원리

- 포 소화약제는 단일 원리만으로 작동하는 것이 아니라, 여러 가지 원리가 동시에 작용하여 화재를 진압함
- 예를 들어, 유류 화재 진압 시 AFFF를 방사하면:
  ① 유류 표면 위에 소화막을 형성하여 증기 차단 효과를 발휘함
  ② 거품층이 연소 표면을 덮어 산소 공급을 차단(질식 효과)
  ③ 방사된 포액의 수분이 열을 흡수하여 온도를 낮춤(냉각 효과)
  ④ 열복사를 차단하여 주변으로의 화재 확산을 방지함
- 이러한 복합적인 소화 작용이 결합하여 화재 진압과 재발화 방지를 동시에 수행할 수 있음

표 5.1 포 소화약제의 소화 원리에 따른 적용 사례

적용 사례	주요 작용 원리	추천 포 소화약제
유류탱크 화재	증기 차단 + 질식 효과	AFFF, FFFP
항공기 격납고 화재	질식 효과 + 냉각 효과	고팽창포
터널 및 지하 화재	질식 효과 + 열 복사 차단 효과	고팽창포
화학 공장 화재	증기 차단 + 냉각 효과	AR-AFFF
산업시설 저장탱크	질식 효과 + 열 복사 차단 효과	저팽창포

1.3 포 소화약제의 배수율과 소화 지속성

포 소화약제의 성능을 평가하는 중요한 요소 중 하나는 배수율(Drainage Rate) 과 소화 지속성(Foam Stability)이다. 배수율은 거품이 형성된 후 거품 내 액체 성분이 얼마나 빠르게 빠져나가는지를 의미하며, 소화 지속성은 방사된 거품이 연소 표면을 덮고 유지되는 시간을 나타낸다.

1. 배수율(Drainage Rate)과 거품 안정성

- 배수율은 포 소화약제의 효과적인 작용 시간과 직결되며, 거품의 유지 시간이 길수록 소화 효과가 지속될 수 있음
- 배수율이 낮을수록 거품이 안정적으로 유지되며, 연소 표면을 덮고 있는 시간이 길어져 소화 효과와 재발화 방지 효과가 우수함
- 배수율이 높은 경우, 거품이 빠르게 붕괴하며 소화 지속성이 낮아질 수 있음
- 배수율은 포액의 화학 조성, 환경적 요인(온도, 습도), 방사 방식 등에 의해 영향을 받음
- 일반적으로 저팽창포는 배수율이 낮아 장시간 지속 가능하며, 고팽창포는 배수율이 높아 신속한 소화 효과를 기대할 수 있음

2. 소화 지속성(Foam Stability)과 거품 특성

- 소화 지속성은 포 소화약제가 연소 표면을 덮고 유지되는 시간을 의미하며, 거품의 안정성과 밀접한 관련이 있음
- 거품이 쉽게 붕괴하면 소화 효과가 감소하고, 지속성이 긴 거품은 재발화 방지 효과가 뛰어남
- 지속성이 높은 거품은 특히 유류 화재, 산업시설 화재에서 효과적이며, 정유 공장, 석유화학 시설에서 주로 사용됨
- 고팽창포는 거품 형성이 빠르지만, 지속성이 짧아 단기적인 질식 효과가 중요하며, 저팽창포는 장시간 연료 표면을 덮고 있어 소화 지속성이 우수함

3. 배수율과 소화 지속성 간의 관계

- 배수율이 낮을수록 소화 지속성이 증가하여 연료 표면을 보호하는 시간이 연장됨
- 배수율이 너무 낮으면 방사 속도가 느려지며 신속한 소화 효과가 감소할 수 있음
- 배수율이 높을수록 거품 형성이 빠르고 넓은 면적을 덮을 수 있으나, 거품이 빨리 소멸하여 지속성이 낮아질 가능성이 있음
- 특정 화재 유형(예: 유류 탱크 화재, 공항 격납고 화재)에서는 배수율과 지속성을 균형 있게 고려하여 포 소화약제를 선택해야 함

4. 포 소화약제의 배수율과 지속성에 영향을 미치는 요소

1) 포 소화약제의 화학 조성

- 계면활성제와 포 형성제의 비율에 따라 배수율과 지속성이 달라짐
- 특정 환경에서는 내열성 및 내구성이 강화된 포 소화약제가 필요함
- 단백계 포(Protein Foam)는 상대적으로 배수율이 낮아 장시간 지속성이 우수하며, 불소계 포(AFFF)는 빠르게 확산하여 소화 속도를 증가시킴

2) 환경적 요인

- **온도**: 고온 환경에서는 거품이 빨리 증발하여 배수율이 증가할 수 있음
- **습도**: 습도가 높은 환경에서는 거품의 지속성이 향상될 수 있음
- **바람**: 바람이 강하면 거품이 쉽게 흩어져 배수율이 증가할 가능성이 있음

3) 거품의 팽창비

- 저팽창포는 배수율이 낮아 지속성이 높으며, 대형 유류 화재에 적합함
- 고팽창포는 배수율이 높아 밀폐공간 화재(터널, 격납고 등)에서 신속한 소화가 가능함

표 5.2 포 소화약제의 배수율과 지속성을 고려한 적용 사례

적용 사례	주요 작용 원리	추천 포 소화약제
유류탱크 화재	낮은 배수율, 장시간 지속	저팽창포 (AFFF)
항공기 격납고	빠른 확산, 질식 효과	고팽창포
터널 및 지하 화재	신속한 질식 효과, 질식 소화	고팽창포
화학 공장 화재	증기 차단 + 냉각 효과	AR-AFFF
산업시설 저장탱크	장시간 지속, 재발화 방지	저·중팽창포 혼합

5. 배수율과 지속성을 최적화하는 방법

1) 포 소화약제의 조성 변경

- 배수율을 낮추고 지속성을 증가시키기 위해 점도 조절제 및 안정제 추가
- 특정 화재 유형에 적합한 계면활성제 비율 조정

2) 적절한 팽창비 선택

- 저팽창포를 사용하여 장시간 화재 진압이 필요한 경우 지속성을 증가
- 고팽창포를 활용하여 신속한 질식 소화가 필요한 경우 빠른 확산을 유도

3) 방사 방식 최적화

- 거품이 연소 표면에 고르게 분포되도록 방사 장비 조정
- 배수율이 높은 환경에서는 지속적인 거품 방사를 유지하여 효과적인 소화 유지

4) 환경 조건 고려

- 바람이 강한 경우 저팽창포를 사용하여 거품이 날아가는 것을 방지
- 고온 환경에서는 냉각 효과가 있는 포 소화약제를 선택하여 배수율 조절

1.4 포 소화약제의 적용 사례

포 소화약제는 다양한 산업 및 환경에서 화재 예방 및 진압에 중요한 역할을 수행한다. 각 환경에 따라 적절한 팽창비와 성능을 갖춘 포 소화약제를 선택하여 활용해야 한다.

1. 유류 탱크 화재 진압

- 휘발유, 경유, 등유 등 가연성 액체 연료를 저장하는 시설로, 화재 발생 시 신속하고 효과적인 대응이 필요함
- 유류 화재의 특성상 물로 직접 소화가 어렵기 때문에 포 소화약제(AFFF, FFFP)를 사용하여 연료 표면에 거품막을 형성하고, 증기 차단 및 질식 효과를 제공함
- 유류 탱크 화재에서는 저팽창포가 주로 사용되며, 거품의 지속성을 유지하면서 장시간 연소물 표면을 덮어야 함
- 일반적으로 지붕 고정형 탱크와 부상식 지붕 탱크에서 다른 방식의 포 소화 시스템이 적용됨

2. 항공기 격납고 및 터널 화재 진압

1) 항공기 격납고 화재

- 항공기 연료는 매우 인화성이 높아 화재 발생 시 빠르게 확산될 수 있음
- 고팽창포를 활용하여 단시간 내 넓은 공간을 거품으로 덮어 질식 효과를 유도함
- AFFF(Aqueous Film-Forming Foam)는 항공기 연료 화재에서 거품막을 형성하여 신속한 소화 효과를 발휘함

2) 터널 및 지하 화재

- 밀폐된 공간에서 발생하는 화재는 열과 연기 배출이 어려워 인명 피해가 클 가능성이 높음
- 고팽창포를 사용하여 터널 내부를 거품으로 채우는 방식이 효과적이며, 산소 공급 차단을 통해 질식 소화를 유도

- 기존의 물 분무 시스템과 함께 사용하여 화재 진압 효과를 극대화할 수 있음

3. 해상 및 선박 화재

- 선박 및 해양 플랫폼에서는 화재 발생 시 대피가 어렵고 화재 확산 속도가 빠르기 때문에 신속한 화재 진압이 필수적임
- 중팽창포 및 내알코올성 포(AR-AFFF)를 활용하여 기름과 화학물질 화재를 효과적으로 제어할 수 있음
- 선박 내 화재는 밀폐된 환경에서 발생하기 때문에 포 소화 시스템과 이산화탄소(CO_2) 시스템을 병행하여 사용하는 경우가 많음

4. 산업시설 및 저장탱크 화재 진압

- 정유 공장, 석유화학 단지, 물류창고 등에서는 가연성 액체 및 화학물질이 많이 저장되어 있어 화재 위험이 높음
- 저·중팽창포를 활용하여 화재 확산을 방지하고 증기 차단 효과를 극대화
- 화학물질 중 극성 용제(알코올, 아세톤 등) 화재에서는 AR-AFFF(Alcohol-Resistant AFFF)가 효과적임
- 저장 탱크 내부의 온도 변화 및 방폭 위험을 고려하여 자동 방사 시스템과 연계한 포 소화설비 구축이 중요함

5. 자동차 및 배터리 화재 대응

- 최근 전기차 및 리튬이온 배터리 화재가 증가함에 따라, 전통적인 소화 방법이 아닌 포 소화약제 적용 가능성이 연구되고 있음
- 리튬이온 배터리는 화재 시 열폭주(Thermal Runaway)가 발생하며, 물리적인 화재 억제 외에도 추가적인 냉각 효과가 필요함
- 포 소화약제와 냉각 작용이 강화된 친환경 소화약제를 조합하여 사용하려는 연구가 진행 중임

6. 포 소화약제 적용 시 고려해야 할 사항

표 5.3 포 소화약제 적용 사례별 비교

적용 사례	주요 작용 원리	추천 포 소화약제
유류탱크 화재	증기 차단 + 질식 효과	저팽창포 (AFFF)
항공기 격납고	신속한 확산 + 질식 소화	고팽창포
터널 및 지하 화재	질식 효과 + 냉각 효과	고팽창포
선박 및 해양 플랫폼	화학 화재 + 증기 차단	AR-AFFF
산업시설 저장탱크	장시간 지속성 + 열 복사 차단	저·중팽창포 혼합

1) 환경 영향

- 기존 포 소화약제(AFFF 등)는 PFAS(과불화화합물) 성분으로 인해 환경 오염 문제가 발생할 수 있음
- PFAS-Free 친환경 포 소화약제 개발이 진행 중이며, 향후 화재 진압 시 친환경 대체제가 도입될 가능성이 높음

2) 기존 소화 시스템과의 연계

- 산업시설 및 대형 화재 대응에서는 포 소화 시스템을 물 분무 소화 시스템, 이산화탄소(CO_2) 소화 시스템과 함께 운영하는 것이 효과적임
- 유류 저장소에서는 폼 챔버(Foam Chamber)를 활용하여 포 소화약제가 연료 표면 위에서 안정적으로 형성될 수 있도록 설계해야 함

3) 국제 및 국내 기준 준수

- NFPA(National Fire Protection Association), IMO(International Maritime Organization), KFI(한국소방산업기술원) 등의 기준에 맞춰 적절한 포 소화약제를 선택해야 함
- 특히, AFFF 사용에 대한 규제 강화에 따라 친환경 소화약제 및 대체 기술 도입이 필수적임

2 포 소화약제의 분류 및 특징

2.1 팽창비에 따른 분류

그림 5.3 포 소화약제의 팽창비에 따른 분류

1. 저팽창포 (Low-Expansion Foam)

1) 팽창비: 80 미만

2) 특성

- 거품 밀도가 높아 강한 바람이나 외부 요인에 의해 쉽게 날아가지 않음
- 장시간 유지되며, 유류 화재 등 지속적인 거품층이 필요한 환경에서 효과적
- 높은 점도를 가지며, 연료 표면을 덮어 증기 차단과 질식 효과가 우수함
- 일반적으로 지상 방사 방식으로 방출되며, 고정식 소화 시스템에서 많이 사용됨

3) 주요 적용 사례

- 유류 탱크 화재
- 정유 및 석유화학 공장
- 저장 탱크 및 산업 시설의 고정식 소화 시스템
- 공항 및 군사 시설의 유류 저장소

4) **대표적인 소화약제**: AFFF, FFFP

2. 고팽창포 (High-Expansion Foam)

1) **팽창비**: 80 이상

2) 특성

- 단시간 내 밀폐 공간을 거품으로 가득 채워 산소 공급을 차단하는 방식
- 배수율이 높아 거품 유지 시간이 짧지만, 밀폐된 환경에서 높은 효과를 발휘함
- 공기 중의 연소가 지속되는 상황에서는 질식 효과가 탁월함
- 연소 표면과 접촉하는 면적이 넓어 방사 후 빠른 소화 효과를 기대할 수 있음

3) 주요 적용 사례

- 터널, 지하철, 지하 창고
- 항공기 격납고 및 대형 건축 구조물
- 방폭 시설 및 밀폐 공간 화재 진압
- 고층 건물 및 대형 산업시설

4) **대표적인 소화약제**: 고팽창 단백계 포, 친환경 포

2.2 화학적 성분 및 적용 방식에 따른 분류

포 소화약제는 화재의 유형과 특성에 따라 여러 가지 화학적 조성으로

제조된다. 화학적 성분에 따라 포 소화약제는 단백계 포, 불소계 필름 형성 포(AFFF), 불소계 단백계 포(FFFP), 알코올 내성 포(AR-AFFF), 친환경 포(PFAS-Free Foam) 등으로 분류된다. 각각의 소화약제는 특정 화재 환경에서 최적의 성능을 발휘하도록 설계되었다.

표 5.4 화학적 성분에 따른 포 소화약제의 종류 및 특성

유형	주요 성분	특징	적용 사례
단백계 포 (Protein Foam)	단백질 기반의 천연 원료	장시간 지속, 내열성 우수, 친환경적	정유 공장, 석유 저장시설, 고온 환경
AFFF (Aqueous Film- Forming Foam)	불소계 계면활성제 포함	빠른 확산, 증기 차단 효과, 환경 문제 있음	유류 저장소, 항공기 연료 화재, 석유화학 단지
FFFP (Film-Forming Fluoroprotein Foam)	단백계 포 + 불소계 계면활성제	내열성 우수, 장시간 소화 지속	고온 산업시설, 대형 플랜트
AR-AFFF (Alcohol-Resistant AFFF)	알코올 내성 중합체 포함	극성 용제 화재 대응 가능, 보호층 형성	화학 공장, 연구소, 제약 산업
친환경 포 (PFAS-Free Foam)	불소계 화합물 없음	PFAS-Free, 친환경, 지속성 확보	공항, 친환경 산업 시설

1. 단백계 포 (Protein Foam)

1) 주요 성분: 동물성 단백질 및 안정제

2) 특징

- 화재 연소 표면 위에 두꺼운 거품층을 형성하여 장시간 지속적인 소화 효과 제공
- 유류 화재에 대한 효과가 크며, 고온 환경에서 안정적으로 유지됨
- 친환경적이나, 장기간 보관 시 부패 가능성이 있어 방부제 처리가 필요함

3) 주요 적용 사례

- 정유 공장 및 석유저장 시설
- 항공기 연료 저장소 및 군사 기지
- 고온 산업시설 화재 진압

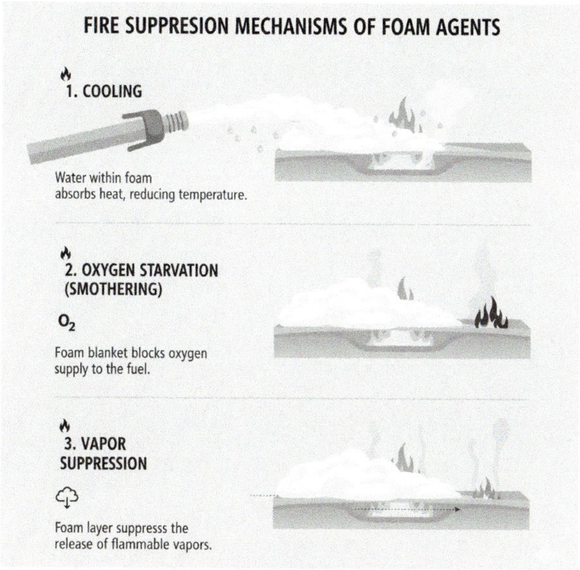

그림 5.4 포 소화약제의 소화 메커니즘

2. 불소계 필름 형성 포 (AFFF, Aqueous Film-Forming Foam)

1) **주요 성분:** 불소계 계면활성제 및 용매

2) 특징

- 연료 표면 위에 얇은 소화막(Film Layer)을 형성하여 증기 차단 효과를 발휘함
- 빠르게 연소 표면에 확산하여 신속한 소화 가능
- 하지만 PFAS(과불화화합물) 포함으로 인해 환경문제 발생 가능성이 있음

3) 주요 적용 사례

- 유류 저장소 및 정유 공장
- 항공기 연료 화재 및 군사 기지
- 석유화학 단지 및 발전소

3. 불소계 단백계 포 (FFFP, Film-Forming Fluoroprotein Foam)

1) **주요 성분:** 단백계 포와 불소계 계면활성제의 조합

2) 특징

단백계 포의 내열성과 불소계 포의 막 형성 능력을 결합하여 고온 환경에서의 소화 성능을 향상

- 장시간 거품 유지가 가능하며, 지속적인 소화 효과 제공
- 높은 내화학성을 가지며, 다양한 위험물 화재에도 효과적

3) 주요 적용 사례

- 고온 산업시설 및 플랜트
- 유류 저장소 및 석유 화학 공장
- 위험물 저장소 및 정제 시설

4. 알코올 내성 포 (AR-AFFF, Alcohol-Resistant AFFF)

1) 주요 성분

알코올 내성 중합체 및 불소계 계면활성제

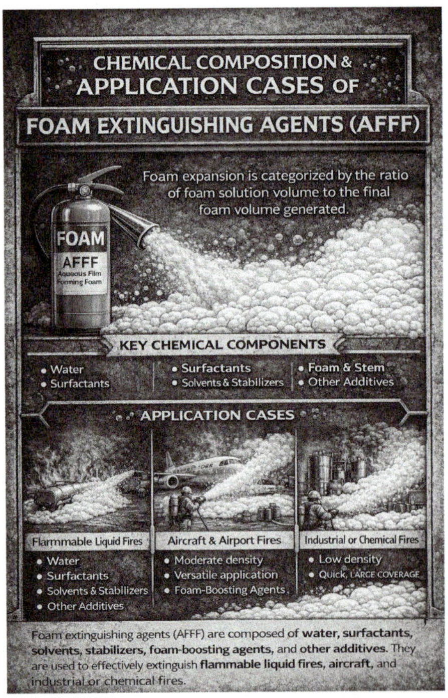

그림 5.5 포 소화약제의 화학적 조성과 적용 사례

2) 특징

- 극성 용제(알코올, 아세톤, 케톤 등) 화재에 적합한 포 소화약제
- 일반 AFFF는 극성 용제에 의해 쉽게 용해되지만, AR-AFFF는 특수 보호층을 형성하여 거품이 쉽게 붕괴하지 않음
- 화학물질 저장소 및 실험실에서 필수적으로 사용됨

3) 주요 적용 사례

- 화학 공장 및 연구소
- 극성 용제 저장소 및 제약 산업
- 정밀 화학 및 위험물 제조 시설

5. 친환경 포 (PFAS-Free Foam)

1) 주요 성분: 불소계 화합물이 없는 친환경 계면활성제 기반

2) 특징

- 기존 AFFF의 PFAS 문제를 해결한 대체 기술
- 환경 영향을 줄이면서도 기존 소화 성능과 유사한 효과를 제공하도록 설계됨
- 현재 일부 국가에서는 PFAS 사용을 규제하고 있어 친환경 포의 연구개발이 활발

3) 주요 적용 사례

- 공항 및 민간 산업 시설
- 환경 규제가 엄격한 국가 및 지역
- 친환경 소화 기술이 요구되는 플랜트 및 연구소

3 포 소화약제의 혼합 및 저장 방식

3.1 포 소화약제의 혼합 방식

포 소화약제는 일반적으로 물과 혼합되어 방출되며, 혼합 방식에 따라 소화 효과에 차이가 발생할 수 있다. 대표적인 혼합 방식으로는 기계적 혼합 방식과 압력 혼합 방식이 있으며, 최근에는 자동 비율 조정 시스템과 디지털 모니터링 시스템이 도입되어 보다 정밀한 혼합이 가능해지고 있다.

1. 기계적 혼합 방식 (Mechanical Proportioning System)

1) 특징

- 포 소화약제와 물을 기계적으로 혼합하여 일정한 비율을 유지하는 방식
- 일반적으로 3% 또는 6%의 비율로 혼합됨
- 소방 펌프 또는 인젝터를 사용하여 정밀한 비율로 혼합 가능

2) 장점

- 자동화된 혼합 시스템으로 일관된 품질 유지
- 다양한 소방 시스템과 연계 가능
- 화재 상황에서 신속한 대응 가능

3) 단점

- 기계적 부품 유지보수가 필요함
- 초기 설치 비용이 높음
- 지속적인 교정(calibration) 필요

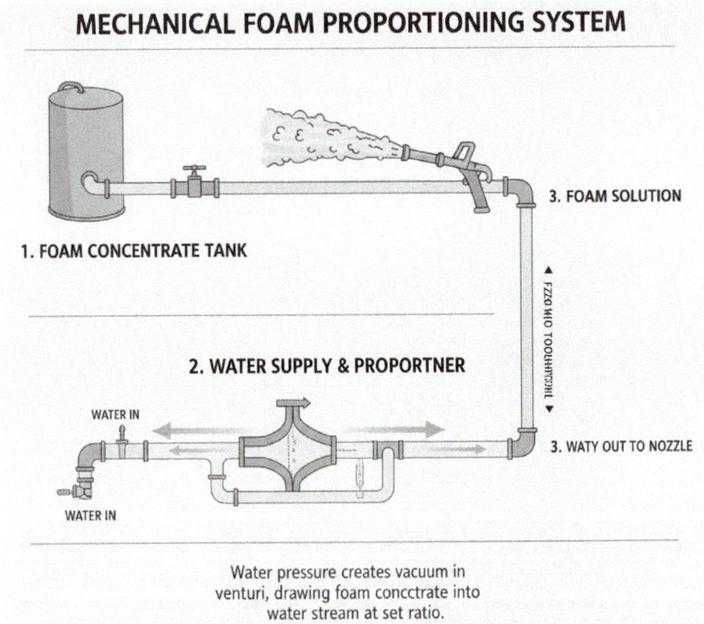

그림 5.6 기계적 혼합 방식의 개념도

2. 압력 혼합 방식 (Pressure Proportioning System)

1) 특징

- 포 소화약제와 물을 압력 차이를 이용하여 혼합하는 방식
- 일반적으로 저장 탱크에서 직접 혼합되어 방출됨
- 중력과 유량 차이를 활용하여 추가적인 기계 장비 없이 운영 가능
- 압력 손실을 최소화하며 균일한 혼합을 유지할 수 있도록 설계됨

2) 장점

- 전력 공급 없이 작동 가능하여 신뢰성이 높음
- 유지보수가 상대적으로 용이함
- 배관 내 압력 변동이 적어 장기간 안정적인 성능 유지 가능

3) 단점

- 압력 변화에 따라 혼합 비율이 달라질 수 있음
- 높은 정밀도가 요구됨
- 설치 공간이 크고, 초기 시스템 설계가 중요함

3. 자동 비율 조정 시스템 (Automatic Proportioning System)

1) 특징

- 소방 시스템 내에서 자동으로 소화약제의 혼합 비율을 조정하는 방식
- 센서를 활용하여 실시간으로 물의 흐름과 소화약제의 비율을 조절함
- 소방차, 고정식 시스템, 공항 및 대형 시설에서 널리 사용됨

2) 장점

- 실시간 혼합 비율 조정으로 일관된 성능 유지
- 수동 조작이 필요 없으며, 자동으로 화재 환경에 대응 가능
- 소화약제 낭비를 줄이고 비용 절감 효과

3) 단점

- 초기 도입 비용이 높음
- 고급 전자 장비의 정기적인 유지보수 필요
- 정전 등 전력 문제 발생 시 작동이 제한될 수 있음

4. 디지털 모니터링 시스템 (Digital Monitoring System)

1) 특징

- IoT 기반 센서를 통해 포 소화약제의 혼합 상태를 실시간으로 모니터링하는 방식

- 데이터 로그 기능을 통해 과거 혼합 기록을 저장하고 분석 가능
- 대형 소방 시스템 및 산업시설에서 활용됨

2) 장점

- 실시간 데이터 분석을 통해 혼합 비율 최적화 가능
- 원격 모니터링이 가능하여 운영 효율성 향상
- 사용자 맞춤형 설정이 가능하며, 자동 경고 시스템 적용 가능

3) 단점

- 고가의 기술이 필요하며 초기 투자 비용이 높음
- 네트워크 장애 시 데이터 분석이 지연될 수 있음
- 정밀한 센서 교정이 필요함

표 5.5 포 소화약제의 혼합 방식 비교

혼합 방식	원리	장점	단점
기계적 혼합	펌프 또는 인젝터를 사용하여 혼합	혼합 비율 일정 유지, 자동화 가능	초기 설치 비용 높음, 유지보수 필요
압력 혼합	압력 차이를 활용하여 자연 혼합	전력 없이 작동 가능, 유지보수 용이	압력 변화에 민감, 정밀한 조정 필요
자동 비율 조정	센서를 통한 자동 혼합 조정	실시간 비율 조정, 일관된 성능 유지	도입 비용 높음, 유지보수 필요
디지털 모니터링	IoT 기반 센서로 실시간 모니터링	원격 관리 가능, 데이터 분석 최적화	초기 비용 높음, 네트워크 장애 시 제한

3.2 포 소화약제의 저장 방식

포 소화약제의 저장 방식은 소화약제의 물리·화학적 특성을 고려하여 설계된다. 저장소의 재질, 온도 조건, 유지관리 요건 등이 적절하게 반영되어야 하며, 저장 방식에 따라 성능 유지와 안전성이 결정된다.

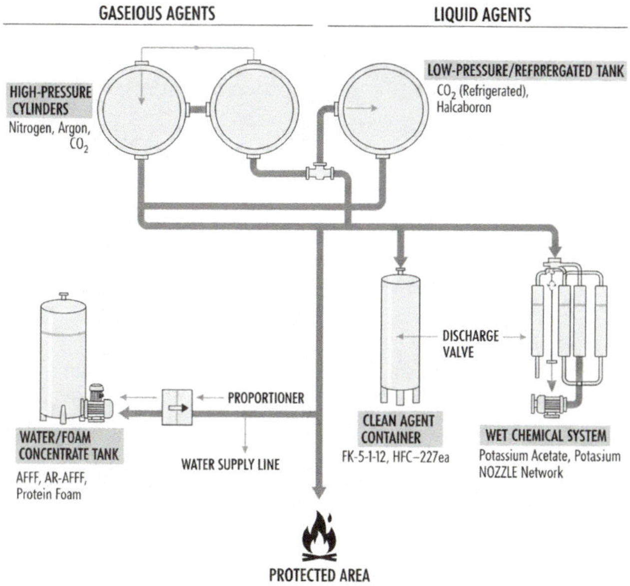

그림 5.7 포 소화약제의 저장 방식 개요도

1. 포 소화약제 저장 탱크 유형

1) 고정식 탱크 (Fixed Tanks)

- 대규모 소방 시스템에서 사용됨
- 금속 또는 내화학성 플라스틱 재질로 제작됨
- 일정한 온도와 습도에서 보관 필요
- 주요 사용처: 정유 공장, 대형 산업시설, 공항 소방 시스템

2) 이동식 용기 (Portable Containers)

- 현장 이동이 용이한 드럼통, 캔, 실린더 형태
- 소규모 산업시설이나 이동식 소방 시스템에서 사용됨
- 단기간 사용에 적합하며, 보관과 운반이 용이함
- 주요 사용처: 선박, 차량 소방 시스템, 군사 작전용 소방 장비

2. 저장 환경 및 유지관리 요건

포 소화약제의 장기적인 성능 유지를 위해 적절한 환경에서 보관해야 하며, 정기적인 유지관리가 필요하다.

1) 저장 환경 조건

(1) 온도 조건

- -10~50℃ 범위에서 보관하는 것이 이상적이며, 동결 방지 조치가 필요함
- 극한 온도 환경에서는 가열 또는 냉각 시스템을 적용하여 안정적인 보관 상태 유지

(2) 습도 및 직사광선 차단

- 과도한 습기나 직사광선은 소화약제의 화학적 성질을 변화시킬 수 있음
- 습기가 많은 환경에서는 밀폐 용기를 사용하여 품질 저하 방지

(3) 내화학성 저장소 사용

- 포 소화약제는 화학적 변질을 막기 위해 내화학성이 우수한 저장소에 보관해야 함
- 금속 탱크의 경우 부식 방지를 위한 특수 코팅이 필수적임

2) 유지관리 절차

(1) 정기적인 점검 필요

- 포 소화약제의 물리적 특성(점도, 혼합 비율)과 저장 용기 상태를 정기적으로 점검해야 함
- 6개월마다 포 소화약제의 상태를 테스트하여 변질 여부 확인
- 배관 및 밸브 점검을 수행하여 누출 여부 확인

(2) 유효 기간 관리

- 대부분의 포 소화약제는 10년 이내의 사용 기한을 가짐
- 사용 기한이 지나거나 변질된 소화약제는 폐기 후 새 제품으로 교체해야 함

(3) 위기 상황 대비 보관 지침

- 자연재해나 온도 급변 상황에서도 안정적으로 보관될 수 있도록 보

호 시설 구축
- 대형 산업시설에서는 비상 저장 시스템을 갖추어 신속한 대응 가능하도록 설계

표 5.6 포 소화약제 저장 시 유의 사항

요소	권장 조건	유지보수 요건
온도	-10~50℃	동결 방지 장치 필요
습도	건조한 환경 유지	습기 차단 및 환기 필수
보관 장소	차광 시설 내 보관	직사광선 및 과열 방지
정기 점검	6개월마다 점검	화학적 변질 여부 확인

4 포 소화약제의 적용 사례 및 환경적 영향

4.1 포 소화약제의 적용 사례

1. 유류 탱크 화재 진압

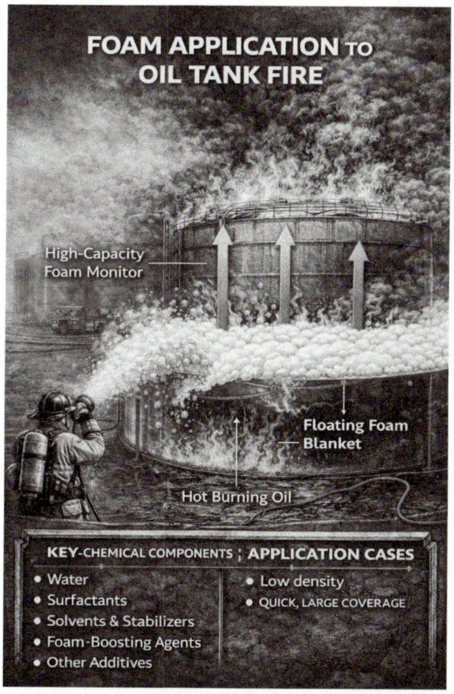

그림 5.8 유류 탱크 화재에서의 포 소화약제 적용 방식

- 유류 탱크는 휘발유, 경유, 등유 등 가연성 액체 연료를 저장하는 시설로, 화재 발생 시 신속하고 효과적인 대응이 필요함
- 유류 화재의 특성상 물로 직접 소화가 어렵기 때문에 포 소화약제(AFFF, FFFP)를 사용하여 연료 표면에 거품막을 형성하고, 증기 차단 및 질식 효과를 제공함
- 유류 탱크 화재에서는 저팽창포가 주로 사용되며, 거품의 지속성을 유지하면서 장시간 연소물 표면을 덮어야 함

2. 항공기 격납고 및 터널 화재 진압

1) 항공기 격납고 화재

- 항공기 연료는 매우 인화성이 높아 화재 발생 시 빠르게 확산될 수 있음
- 고팽창포를 활용하여 단시간 내 넓은 공간을 거품으로 덮어 질식 효과를 유도함
- AFFF(Aqueous Film-Forming Foam)는 항공기 연료 화재에서 거품막을 형성하여 신속한 소화 효과를 발휘함

2) 터널 및 지하 화재

그림 5.9 터널 화재에서의 포 소화약제 적용 방식

- 밀폐된 공간에서 발생하는 화재는 열과 연기 배출이 어려워 인명 피해가 클 가능성이 높음
- 고팽창포를 사용하여 터널 내부를 거품으로 채우는 방식이 효과적이며, 산소 공급 차단을 통해 질식 소화를 유도
- 기존의 물 분무 시스템과 함께 사용하여 화재 진압 효과를 극대화할 수 있음

3. 해상 및 선박 화재

- 선박 및 해양 플랫폼에서는 화재 발생 시 대피가 어렵고 화재 확산 속도가 빠르기 때문에 신속한 화재 진압이 필수적임
- 중팽창포 및 내알코올성 포(AR-AFFF)를 활용하여 기름과 화학물질 화재를 효과적으로 제어할 수 있음
- 선박 내 화재는 밀폐된 환경에서 발생하기 때문에 포 소화 시스템과 이산화탄소(CO_2) 시스템을 병행하여 사용하는 경우가 많음

그림 5.10 선박 화재에서의 포 소화약제 활용 사례

4.2 포 소화약제의 환경적 영향

1. PFAS(과불화화합물) 오염 문제

- AFFF와 같은 불소계 포 소화약제에는 PFAS(Per- and Polyfluoroalkyl Substances) 성분이 포함되어 있으며, 이는 자연적으로 분해되지 않아 환경에 장기간 잔류함
- PFAS는 지하수 오염, 생태계 피해, 인체 건강 위험을 초래할 수 있어, 미국과 유럽에서는 PFAS 함유 포 소화약제 사용을 규제하고 있음
- 친환경 대체제를 개발하는 연구가 활발히 진행되고 있으며, 일부 국가에서는 PFAS-Free 소화약제의 사용을 의무화함

표 5.7 PFAS 포함 포 소화약제와 PFAS-Free 소화약제 비교

구분	PFAS 포함 포 소화약제	PFAS-Free 포 소화약제
주요 성분	불소계 계면활성제 포함	친환경 계면활성제
환경 영향	지속적인 환경 오염 발생 가능	생분해 가능, 환경에 무해
소화 성능	빠른 확산 및 증기 차단 효과 우수	기존 소화 성능과 유사한 수준
규제 여부	일부 국가에서 사용 금지	사용 권장 및 확대 중

2. 친환경 포 소화약제 개발 동향

- 불소 성분을 포함하지 않는 친환경 포 소화약제가 연구 및 개발되고

있으며, 기존 포 소화약제와 유사한 성능을 가지도록 개선되고 있음

- 유기계면활성제 기반 포 소화약제가 개발되어 기존 AFFF를 대체할 수 있도록 테스트 중임
- 일부 친환경 포 소화약제는 유류 화재 진압 능력이 기존보다 우수하거나 동등한 수준으로 평가받고 있음
- 미국, 유럽, 한국 등에서는 환경 규제 강화에 따라 친환경 대체제를 채택하는 움직임이 증가하고 있음
- 친환경 포 소화약제는 생분해성이 뛰어나며, 장기적인 환경 피해를 방지할 수 있음
- 일부 신기술 포 소화약제는 나노기술을 활용하여 더 높은 소화 효율을 제공하며, 유류 화재뿐만 아니라 전기차 배터리 화재에도 적용 가능

그림 5.11 친환경 포 소화약제의 화재 진압 메커니즘

연습문제

01 포 소화약제의 소화 원리(질식, 냉각, 증기 차단)를 설명하시오.

02 저팽창포, 중팽창포, 고팽창포의 차이를 팽창비와 배수율의 관점에서 비교하시오.

03 포 소화약제의 혼합 방식(기계식 혼합, 압력 혼합 등)의 원리와 장단점을 간단히 설명하시오.

04 포 소화약제의 물리적 특성(팽창비, 배수율 등)이 소화 성능에 미치는 영향을 논하시오.

05 유류 화재에서 포 소화약제가 효과적인 이유를 예시를 들어 설명하시오.

06 포 소화약제의 환경적 영향(PFAS 문제 등)을 제시하고, 이에 대한 대책 방안을 제안하시오.

07 포 소화약제 저장 시 유의해야 할 점(혼합 비율 점검, 온도 관리 등)을 상세히 기술하시오.

08 산업별 포 소화약제 적용 사례(석유화학, 항공기 격납고, 해상/선박 등)를 조사하고, 각각의 특징을 비교·설명하시오.

09 포 소화약제의 배수율과 팽창비 간의 관계와, 이를 어떻게 소화 전략 수립 시 고려해야 하는지 서술하시오.

10 PFAS-Free 포 소화약제의 개발 동향을 소개하고, 상용화 확대를 위한 과제를 제시하시오.

참고문헌

- NFPA. (2020). Foam Fire Suppression Systems Handbook.
- 한국소방산업기술원(KFI). (2021). 포 소화약제 성능시험 기준.
- SFPE. (2019). Fire Protection Engineering Guide.
- EPA (2022). Environmental and Health Risks of PFAS in Firefighting Foams.
- European Chemicals Agency (ECHA). (2021). PFAS Restrictions in Fire Suppression Systems.

CHAPTER

06 가스계 소화약제 I: 이산화탄소

학습목표

- 이산화탄소 소화약제의 물리·화학적 특성과 소화 원리를 이해한다.
- 이산화탄소의 적응 화재 및 사용 제한을 설명할 수 있다.
- 이산화탄소 소화 시스템의 주요 구성 요소와 방출 방식을 이해한다.
- 이산화탄소의 독성 및 안전 관리 방안을 설명한다.
- 환경적 영향을 고려한 대체 소화약제의 필요성을 이해한다.

1 이산화탄소의 특성 및 소화 원리

1.1 이산화탄소의 특성

그림 6.1 우리 주변에서 쉽게 접할 수 있는 이산화탄소 활용 제품 예시

이산화탄소는 다양한 산업 및 일상생활에서 활용되며, 대표적인 예로 다음과 같은 제품들이 있다.

- 탄산음료 (청량감 제공)
- 소화기 (고압 가스통을 이용한 화재 진압)
- 드라이아이스 (냉각 및 보관용)

- 의료용 가스 (호흡 치료, 의료 시뮬레이션)
- 용접 및 공업용 가스 (아크 용접, 금속 가공)

그림 6.2 산업 및 소방용 이산화탄소 가스통의 모습

1. 물리적 특성

- 무색, 무취의 비활성 기체
- 공기보다 약 1.5배 무거워 지면으로 가라앉는 성질
- 액화 시 무색의 액체 상태를 유지하며, -78.5°C에서 고체(드라이아이스)로 변함
- 물에 대한 용해도가 낮아 대부분 기체 상태로 존재
- 비전도성 특성으로 인해 전기 화재(C급 화재)에도 안전하게 사용 가능

2. 화학적 특성

- 화학적으로 비활성으로 연소를 지원하지 않음
- 대부분의 물질과 반응하지 않지만, 강염기(수산화칼슘 등)와 반응하여 탄산염을 형성
- 고온에서 일부 금속(마그네슘, 알루미늄)과 반응 가능
- 물과 반응하여 약한 탄산(H_2CO_3)을 형성하지만, 빠르게 분해됨

3. 열적 특성

- 상온에서 기체 상태로 존재하며, 압력을 가하면 쉽게 액화됨
- 기체에서 액체로 변환될 때 부피가 약 400배 감소
- 액체 CO_2가 기화할 때 주변 온도를 급격하게 낮추는 냉각 효과를 가짐

• 특정 압력과 온도(임계점: 31.1°C, 73.8bar)에서 초임계유체 상태로 존재
• 고체 상태(드라이아이스)에서 직접 승화하여 액체 상태를 거치지 않고 기화 가능

표 6.1 이산화탄소의 물성 비교

성질	값
화학식	CO_2
분자량	44.01 g/mol
임계 온도	31.1°C
임계 압력	73.8 bar
밀도(기체, 0°C)	1.977 kg/m^3
밀도(액체, -18°C)	1012 kg/m^3
녹는점	-56.6°C (삼중점)
비열 용량(기체)	0.844 J/g·K
비열 용량(액체)	2.09 J/g·K

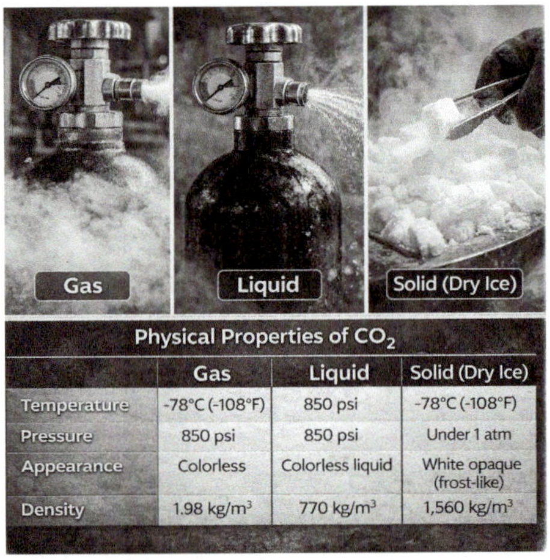

그림 6.3 이산화탄소 상태 변화 및 물리적 특성 비교

1.2 이산화탄소의 소화 메커니즘

1. 질식 효과

• 산소 농도를 15% 이하로 감소시켜 연소 차단

- 연소 유지에 필요한 산소 부족으로 화재 진압
- 화염과 연료 간의 산화 반응 차단을 통해 지속적인 연소 방지
- 밀폐된 공간에서 효과적으로 작용하며, 개방 공간에서는 효과 감소

2. 냉각 효과

- CO_2 방출 시 급격한 기화로 인한 온도 저하
- 가연물 표면을 냉각하여 연소 반응 억제
- 액체 CO_2가 기체화될 때 주위 열을 흡수하여 화재 진압
- 특히, 고온의 전기 장비 또는 유류 화재에서 빠른 냉각 효과 발휘

3. 화학적 반응 억제

- CO_2는 화학적으로 비활성 기체지만, 연소 반응에서 필요한 자유 라디칼을 흡수하여 불꽃을 억제하는 역할 수행
- 일부 실험에서는 CO_2가 특정 고온 화염에서 화학적 억제 효과를 나타낼 수 있음

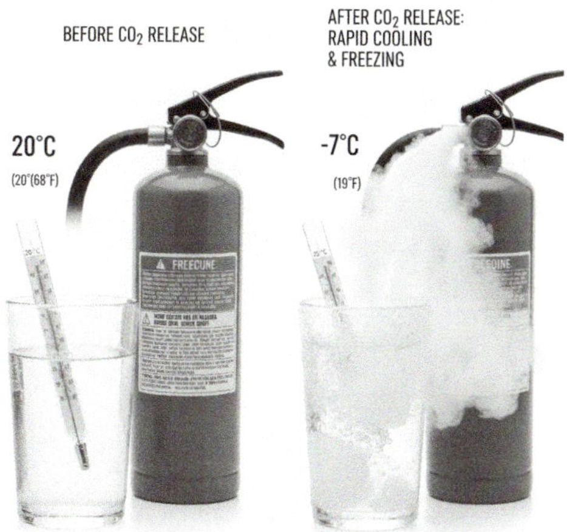

그림 6.4 이산화탄소 냉각 효과의 시각적 비교

1.3 이산화탄소 소화 효과의 한계

1. 화재 유형에 따른 제한

- A급 화재(목재, 종이 등)에는 제한적인 효과가 있으며, 연소에 깊이 침

투하여 타는 물질에는 충분한 냉각 작용을 하지 못함

- 특정 화재 유형에서는 CO_2 사용이 부적절할 수 있으며, 예를 들어 금속 화재(D급 화재)나 고온에서 자체 산소를 방출하는 물질에서는 효과가 제한됨

2. 개방 공간에서의 효과 저하

- 개방된 공간에서는 CO_2가 쉽게 확산되어 농도를 유지하기 어려우며, 효과적인 소화를 위해 밀폐 환경이 필요함
- 공기 중 확산이 빠르기 때문에 충분한 농도를 유지하기 어려워 소화 효과가 낮아짐

3. 냉각 효과의 한계

- 연소 열이 매우 높은 경우, CO_2의 냉각 효과가 상대적으로 미미하여 빠른 재발화 가능성이 존재함
- 높은 열을 지속해서 방출하는 물질(금속, 화학물질)에는 충분한 냉각이 어려움

4. 안전성 문제

- 인체에 유해할 수 있어 사용 시 질식 위험이 존재하며, CO_2 농도가 7~10% 이상일 경우 인체에 현기증, 의식 상실 등의 영향을 미칠 수 있음
- 고압 저장과 방출 시 강력한 기화 압력으로 인해 냉각 효과가 발생하지만, 급격한 압력 변화로 인해 장비 및 구조물에 영향을 줄 수 있음

5. 환경적 영향

- 지속해서 사용할 경우, 이산화탄소 배출량이 증가하여 환경적인 영향을 초래할 가능성이 있음
- 온실가스로 작용하여 지구온난화를 가속화할 위험이 있어 대체 소화 기술의 필요성이 강조됨

2 적응 화재 및 사용 제한

2.1 적응 가능한 화재 유형

1. B급 화재 (유류 화재)

- 휘발유, 등유, 윤활유 등 가연성 액체 화재에 효과적
- 연소 표면을 덮어 산소 공급 차단
- 높은 냉각 효과로 재발화 방지

2. C급 화재 (전기 화재)

- 전기 설비, 배전반, 서버룸 등의 화재에 적합
- 비전도성 특성으로 감전 위험 없음
- 전기 장비 보호에 효과적

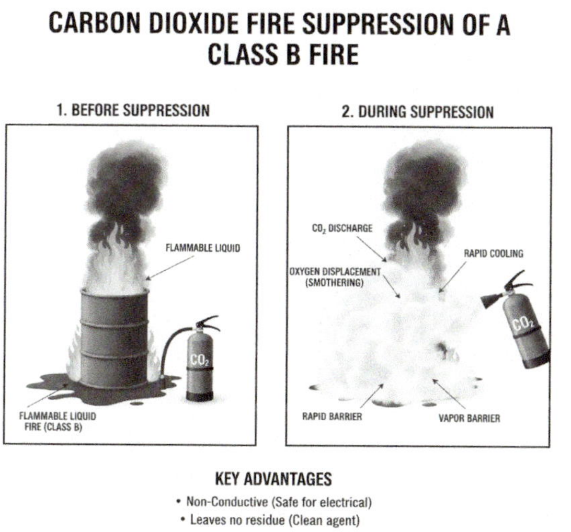

그림 6.5 이산화탄소를 이용한 유류 화재 소화 과정

그림 6.6 전기 화재에서 CO_2 소화 원리

2.2 비적응 화재 유형 및 한계

1. A급 화재 (목재, 종이, 섬유 화재)

- 연소 물질에 깊이 침투하지 못하여 효과 제한적
- 표면 냉각은 가능하지만, 내부 연소 지속 가능

표 6.2 CO_2와 기타 소화약제의 A급 화재 진압 성능 비교

소화약제	A급 화재 적응성	추가 필요 조치
CO_2	낮음	냉각 후 소화 보완 필요
물	높음	즉각적인 냉각 및 침투
분말	중간	산소 차단 효과 제공

2. 개방 공간에서의 효과 저하

- 이산화탄소가 빠르게 확산되어 농도 유지 어려움
- 바람이나 대기 흐름에 의해 효과 저하

그림 6.7 개방 공간에서 CO_2 소화 효율 감소 그래프

3. 금속 화재 (D급 화재)

- 고온에서 자체 산소를 방출하는 금속(마그네슘, 알루미늄)에는 효과 미미
- 화학반응을 통한 산소 공급으로 인해 CO_2의 질식 효과 제한적

표 6.3 CO_2와 금속 화재에 대한 효과 비교

금속 종류	CO_2 소화 효과	대체 소화 방법
마그네슘	거의 없음	건조 모래 또는 특수 분말
알루미늄	낮음	특수 분말 사용
나트륨	없음	건조 분말 소화기

2.3 사용 시 고려해야 할 제한 사항

1. 인체 안전 문제

- 질식 위험 (밀폐된 공간에서 농도 증가 시 치명적)
- CO_2 노출 시 어지러움, 두통, 의식 저하 가능

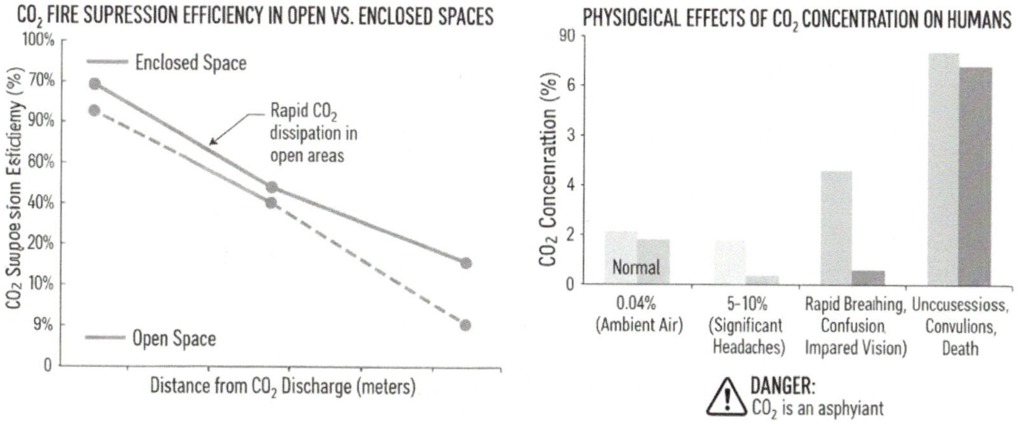

그림 6.8 CO_2 노출 농도에 따른 인체 영향 그래프

2. 저장 및 방출 시스템

- 고압 저장이 필요하며 유지보수 필수
- 방출 시 급격한 온도 저하로 인해 결빙 가능

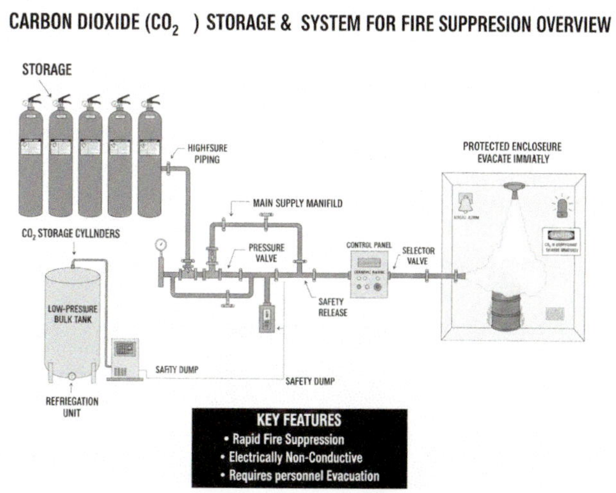

그림 6.9 CO_2 저장 및 방출 시스템 개요

3. 환경적 영향

- 대기 중 CO_2 증가로 인한 온실 효과
- 대체 소화 시스템(IG-541, FK-5-1-12) 개발 필요

표 6.4 환경친화적 소화 시스템 비교

소화 시스템	환경 영향	사용 가능 범위
CO_2	온실가스	제한적
IG-541	친환경	다양한 화재 유형
FK-5-1-12	매우 친환경	전자 장비 보호

그림 6.10 CO_2와 대체 소화약제의 장단점 비교 인포그래픽

3 이산화탄소 소화시스템의 주요 구성 요소 및 방출 방식

3.1 주요 구성 요소

1. 저압 저장 시스템

- CO_2를 -18°C 이하에서 액체 상태로 저장
- 대형 시설(발전소, 데이터센터)에서 사용

2. 고압 저장 시스템

- CO_2를 50~60bar 압력으로 저장
- 소형 시스템 및 이동형 장치에서 사용

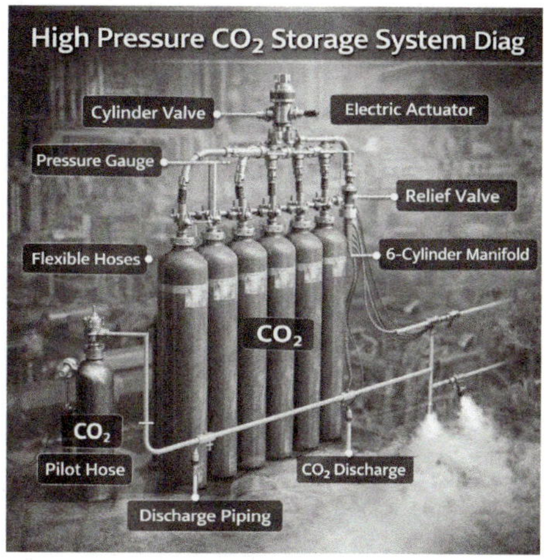

그림 6.11 고압 저장 시스템 구성도

3. 배관 및 방출 장치

- 저장된 CO_2를 화재 지역으로 전달하는 역할
- 방출량 조절을 위한 밸브 및 압력 조정 장치 포함

그림 6.12 CO_2 배관 시스템 흐름도

4. 감지 및 경보 시스템

- 화재 감지를 위한 센서 및 자동 경보 시스템 포함
- 안전한 CO_2 방출을 위한 제어 시스템 연동

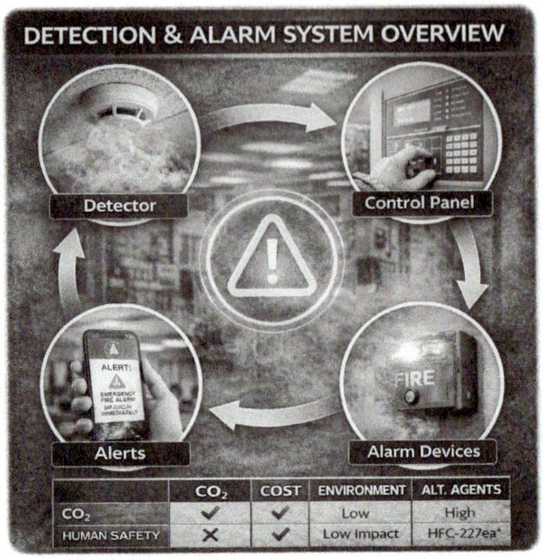

그림 6.13 감지 및 경보 시스템 개요

3.2 방출 방식

1. 전역 방출 시스템

- 밀폐된 공간 내 전체 방출하여 화재를 진압
- 데이터센터, 변전실 등의 주요 시설에서 사용
- CO_2가 전체 공간에 빠르게 분포하여 산소 농도를 낮춰 화재를 진압함
- 화재 감지 센서와 연동되어 자동으로 방출 가능
- **장점**: 광범위한 화재 진압 가능, 자동 제어 시스템과 연계 가능
- **단점**: 밀폐된 공간에서 인체에 질식 위험 존재, 대피 절차 필요

그림 6.14 전체 방출 시스템 개념도

2. 국소 방출 시스템

- 특정 장비나 지역만 보호하는 방식
- 산업용 기계, 엔진룸 등에 적용
- 감지 시스템과 연계하여 해당 지역에만 CO_2를 방출
- 비교적 적은 양의 CO_2로도 효과적인 소화 가능
- **장점**: CO_2 사용량 절감, 비효율적인 방출 방지
- **단점**: 국소 화재에만 대응 가능, 전체 화재 확산 시 한계 존재

그림 6.15 국소 방출 시스템 사례

3. 추가적인 방출 기법

1) 다단계 방출 시스템

- 여러 단계로 나누어 CO_2를 방출하여 급격한 온도 변화 방지
- 초기 소량 방출 후 필요에 따라 추가 방출
- 전산 장비 보호 및 민감한 환경에서 효과적

2) 지연 방출 시스템

- 감지 후 일정 시간 후 방출하여 대피 시간을 확보
- 대형 밀폐 시설에서 유용함
- 경보 시스템과 연계 가능

3) 혼합 방출 시스템

- CO_2와 기타 가스 소화제를 병행하여 사용
- 환경적 영향을 줄이고 소화 효과 극대화 가능

3.3 CO_2 방출 시 고려 사항

1. 방출 압력 및 속도 조절

- 과도한 방출 시 급격한 온도 저하로 장비 손상 가능
- 압력 조절을 통한 안전한 방출 필요

2. 인체 안전성 확보

- 밀폐 공간에서 사용 시 인체 질식 위험 존재
- 방출 전 경보 및 대피 절차 필수

3. 환경 영향 최소화

- CO_2의 대기 방출이 환경에 미치는 영향 고려 필요
- 대체 소화 기술과의 비교 및 선택 필수

표 6.5 CO_2 소화 시스템과 대체 소화 시스템 비교

시스템 유형	장점	단점
CO_2 소화	효과적, 빠른 소화	질식 위험, 환경 영향
IG-541	친환경적, 안전	초기 비용 높음
FK-5-1-12	친환경적, 전자 장비 보호	가격 높음

4 독성 및 안전 관리

4.1 이산화탄소의 독성 문제

- 이산화탄소(CO_2)는 무색, 무취의 비활성기체이나 고농도에서는 인체에 치명적 영향을 줄 수 있음
- 산소 농도를 낮춰 질식을 유발할 위험 존재

- 밀폐된 공간에서 방출 시 산소 부족으로 인한 생명 위험 초래 가능
- 고농도 CO_2 노출은 근로자의 건강과 산업 안전에 중대한 문제를 발생시킬 수 있음

표 6.6 이산화탄소 농도에 따른 인체 영향

CO_2 농도 (%)	영향
0.03%	대기 중 정상 농도
1-2%	미세한 호흡 증가
3-5%	두통, 현기증, 호흡곤란 발생
7-10%	의식 상실 및 질식 위험
10% 이상	치명적, 호흡 정지 및 사망 가능

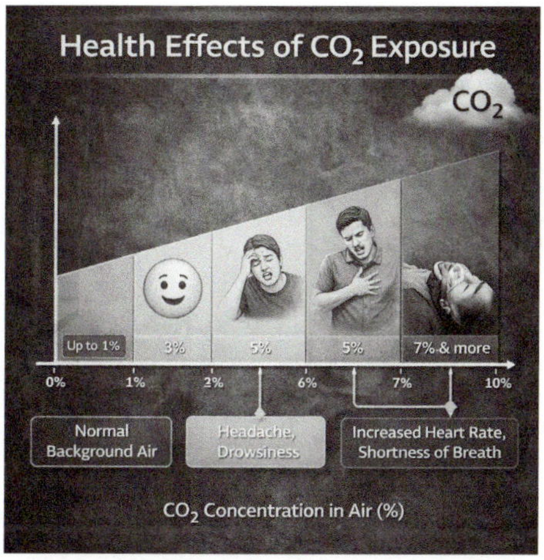

그림 6.16 이산화탄소 노출 농도에 따른 건강 영향 그래프

4.2 인체에 대한 영향(산소 결핍, 질식 위험)

- CO_2는 공기보다 무거워 낮은 지대에 축적될 가능성이 있음
- 실내 및 밀폐된 공간에서 CO_2 축적 시 산소 농도 감소
- 주요 노출 증상:
  ① 1~3%: 가벼운 호흡 증가, 약한 두통
  ② 3~5%: 호흡곤란, 혈압 상승, 집중력 저하
  ③ 7% 이상: 의식 저하, 호흡 마비, 장기간 노출 시 사망 가능
- CO_2 농도가 높은 환경에서는 즉각적인 대피가 필요

그림 6.17 CO_2 축적 위험이 높은 밀폐 공간 예시

4.3 안전 대책

1. 적절한 환기 시스템 구축

- CO_2 방출 후 잔류 기체 제거를 위한 환기 시스템 필수
- 자연 환기와 기계식 환기(배기팬, 공기 정화 장치) 병행하여 사용
- CO_2 방출 구역은 지속적인 모니터링 필요

2. 방출 구역 내 안전 표지 부착

- CO_2 사용 구역에는 경고 표지 및 안전 지침 부착
- 대피 경로 및 응급 조치 절차 안내 포함
- 긴급 상황 발생 시 신속한 대피 유도

그림 6.18 CO_2 사용 구역의 안전표지 예시

3. 보호 장비 착용

- CO_2 사용 지역에서는 산소 마스크 및 감지기 착용 필수
- CO_2 저장 및 사용 구역에서는 방독면 및 보호구 지급
- 산업 현장에서는 지속적인 안전 교육 및 훈련 실시

4. 비상 절차 수립

- CO_2 누출 또는 과다 방출 시 즉시 대피 절차 시행
- 응급조치 계획을 수립하고 정기적으로 점검 및 훈련 필요

4.4 방출 후 인명 안전을 위한 대피 절차

- CO_2 방출 시 즉각적인 대피 절차 시행 필요
- 대피 절차 단계
  ① CO_2 방출 경보 울림
  ② 모든 인원 즉시 대피 시작
  ③ 출입 금지 구역 설정 및 환기 시행
  ④ 인원 점검 및 응급 조치 시행
  ⑤ 방출 원인 분석 및 시스템 점검 후 정상화 진행
- CO_2 방출 후에는 반드시 공간 내 공기 질을 확인한 후 재진입

그림 6.19 CO_2 방출 후 대피 절차 개요도

4.5 감지 및 경보 시스템 구축

- CO_2 방출 위험이 있는 구역에는 감지 및 경보 시스템 필수
- 감지 장치 유형
  ① CO_2 농도 감지 센서
  ② 산소 농도 감지 센서
  ③ 연기 및 화재 감지 센서
- 경보 시스템
  ① 시각 경보(경고등, 점멸등)
  ② 청각 경보(사이렌, 음성 안내)
- 실시간 감지 시스템을 통해 CO_2 농도 초과 시 즉각적인 대피 조치 시행
- 자동 차단 시스템을 통해 CO_2 추가 방출을 막을 수 있는 안전 장치 구축

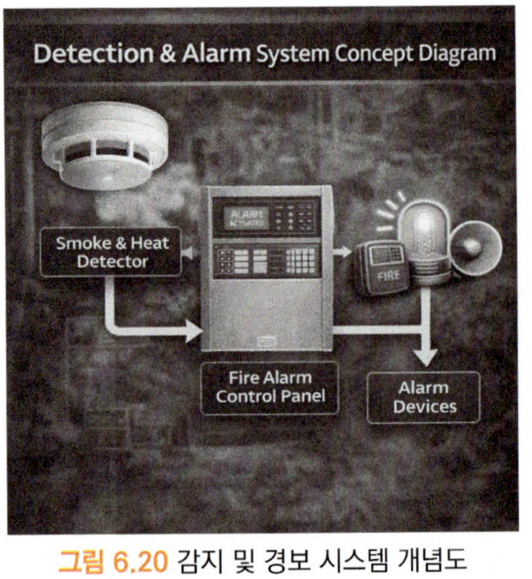

그림 6.20 감지 및 경보 시스템 개념도

5 환경적 영향 및 대체 소화약제 개발

5.1 이산화탄소의 온실가스 문제

- 이산화탄소(CO_2)는 지구온난화의 주요 원인 중 하나로 작용
- 산업 활동과 소방 시스템에서 배출되는 CO_2는 대기 중 농도를 증가시

커 기후 변화 유발

- CO_2 배출량 증가에 따라 탄소중립 정책과 친환경 소화 시스템 개발 필요
- 대기 중 CO_2 증가로 인해 생태계 변화 및 기상이변 발생 가능성 증가

5.2 대체 가스계 소화약제 연구 동향

1. 친환경 소화약제 개발 필요성

- 기존 가스계 소화약제(Halon, CO_2 등)는 환경 오염 및 독성 문제를 야기
- 새로운 대체 약제는 환경 친화적이며 인체에 무해해야 함
- 대체 소화약제는 화재 진압 효과와 안전성을 고려해 개발됨

2. 주요 대체 가스계 소화약제

1) FK-5-1-12 (Novec 1230)

- 지구온난화 지수(GWP) 1 미만으로 친환경적
- 전자기기 보호 가능, 전기 화재에도 적합
- 소화 후 잔여물 없음

2) IG-541 (Inergen)

- 질소(N_2), 아르곤(Ar), 이산화탄소(CO_2) 혼합 가스
- 대기 중 자연적으로 존재하는 기체로 환경 친화적
- 산소 농도를 12~15%로 조절해 질식 효과로 소화

3) IG-55 (Argonite)

- 50% 아르곤 + 50% 질소 혼합
- 화재 진압 후 잔여물 없음
- 소화 효과가 빠르고 안전함

4) HFC-227ea (FM-200)

- 소화 속도가 빠르고 인체에 무해함
- 기존 할론 소화약제의 대체제로 사용됨
- GWP가 상대적으로 높아 점진적 사용 제한 가능성 있음

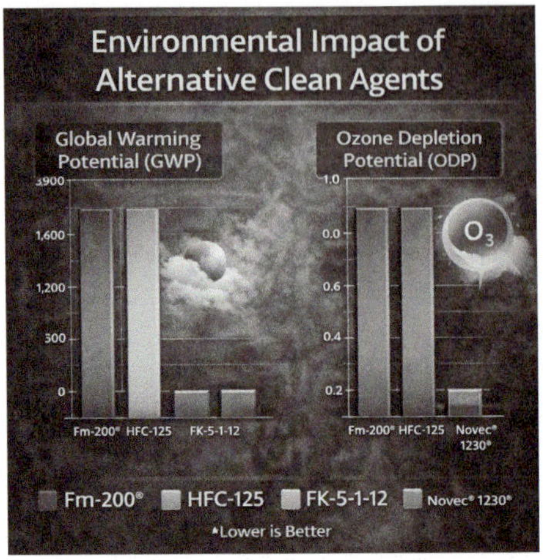

그림 6.21 대체 소화약제의 환경 영향 비교 그래프

3. 대체 소화약제의 연구 방향

- 소화 성능 향상 및 친환경적 특성 강화
- CO_2 대체제로 사용할 수 있는 무독성 가스 개발
- 경제적이고 유지보수 비용이 낮은 소화 시스템 설계
- 신소재 연구를 통한 차세대 소화약제 개발

연습문제

01 이산화탄소 소화약제의 주요 소화 메커니즘(질식, 냉각 효과)을 설명하시오.

02 이산화탄소 소화약제의 적응 화재와 비적응 화재를 구분하여 서술하시오.

03 이산화탄소 방출 시스템(고압, 저압) 간의 차이점을 설명하시오.

04 이산화탄소 방출 후 인체 안전을 위한 필수 조치 사항을 설명하시오.

05 이산화탄소의 환경적 문제점과 이를 해결하기 위한 대체 소화약제 개발 방향을 논하시오.

06 이산화탄소 소화시스템에서 주요 감지 및 경보 장치의 역할을 설명하시오.

07 국소 방출 시스템과 전체 방출 시스템의 차이를 비교하시오.

참고문헌

- NFPA. (2021). Carbon Dioxide Fire Suppression Systems.
- 한국소방학회. (2020). 가스계 소화시스템 해설서.
- UL. (2019). CO_2 Suppression System Standards.
- ISO 6183:2020. Fire protection - Carbon dioxide extinguishing systems.
- FM Global. (2022). Property Loss Prevention Data Sheets - CO_2 Fire Protection Systems.
- British Standards Institution (BSI). (2021). BS EN 12094-5: Fixed firefighting systems - Gas extinguishing systems.
- Jones, A. (2018). Fire Suppression Systems and Safety Regulations. McGraw-Hill.
- Smith, R. (2020). Advances in Fire Suppression Technologies. Wiley.
- Patel, D., & Kumar, P. (2022). "Effectiveness of CO_2 Fire Suppression in Industrial Environments," Journal of Fire Science and Engineering, 28(3), 112-130.
- Brown, T. & White, J. (2021). "Comparative Analysis of Gas-based Fire Suppressants," International Journal of Fire Safety Research, 19(4), 275-290.

CHAPTER 07

가스계 소화약제 II : 할론·할로젠화합물 및 불활성기체

학습목표

- 할론 소화약제의 특성과 소화 메커니즘을 이해한다.
- 환경 문제와 국제 규제에 따른 대체 할론 소화약제의 필요성을 설명할 수 있다.
- 대체 할론 소화약제의 종류 및 최신 연구 동향을 파악한다.
- 불활성기체 소화약제와 할로젠화합물 소화약제의 차이점을 비교할 수 있다.
- 최신 연구 동향을 파악하여 차세대 소화약제 개발 방향을 논의할 수 있다.

1 할론 소화약제의 개요 및 소화 원리

1.1 할론 소화약제의 역사

할론 소화약제는 20세기 중반부터 다양한 산업 및 군사 분야에서 사용되어 왔다. 뛰어난 소화 성능과 전기적 비전도성으로 인해 항공기, 전산실 및 정밀 기기 보호 등 다양한 분야에서 필수적으로 활용되었다. 특히, 브로민을 포함하는 할론은 강력한 화재 억제 능력을 보이며, 낮은 농도로도 효과적인 소화가 가능하다. 그러나 이러한 장점에도 불구하고 환경 문제가 제기되면서 점차 규제가 강화되었다.

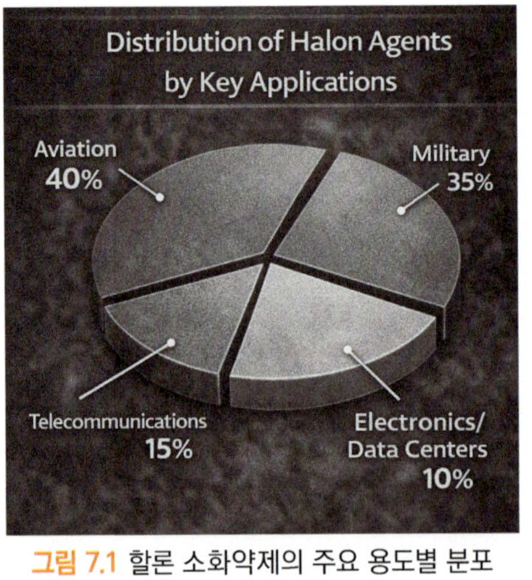

그림 7.1 할론 소화약제의 주요 용도별 분포

1. 할론 소화약제의 개발 배경과 산업적 도입

- 1950년대: 미국과 유럽에서 군사용 및 항공기 화재 진압용으로 개발됨
- 1960년대: 민간 산업에서도 사용되기 시작하여 전자기기 및 연구소에서 확대됨
- 1970년대: 석유화학 공정, 발전소 및 해양 산업으로 확대 적용됨
- 1980년대: 주요 산업군에서 핵심적인 화재 안전 수단으로 자리 잡음

2. 할론 소화약제의 기술적 특성

- **즉각적인 소화 효과**: 일반적인 소화 시스템보다 빠른 화재 억제 능력을 가짐
- **설치 용이성**: 배관 및 분사 시스템을 통해 다양한 환경에 설치 가능
- **다양한 적용 가능성**: 항공기, 해양, 산업시설 등 다양한 분야에서 사용됨
- **전기 절연성**: 전자 및 통신 장비 보호에 적합함
- **비잔류성**: 잔여물이 남지 않아 민감한 장비 보호에 최적화됨

3. 할론 소화약제의 산업별 적용

- **항공 산업**: 비행기 화재 진압 시스템에서 중요하게 활용됨
- **군사 및 방산 분야**: 함선, 전투기, 장갑차 등의 화재 예방에 필수적
- **데이터센터 및 서버실**: 민감한 전자 장비 보호에 적합
- **해양 및 석유화학 시설**: 고위험 환경에서 화재 예방 및 진압에 사용

4. 환경 문제와 규제 도입

- **1980년대 후반**: 오존층 보호 문제로 인해 국제적인 규제 논의 시작됨
- **1987년 몬트리올 의정서 체결**: 할론 소화약제가 오존층 파괴 물질로 지정됨
- **1994년 이후**: 신규 생산 및 공급이 금지되었으며, 기존 제품의 재활용만 허용됨
- **현재**: 점진적인 대체제 도입 및 기존 시스템의 제한적 사용 유지

5. 대체 기술과 연구 개발

- **불활성기체 기반 소화 기술**: 질소-아르곤-이산화탄소 혼합 가스(IG-

541), 질소-아르곤 혼합 가스(IG-55) 등의 대체 약제 개발 진행

- **친환경 소화약제 연구**: 펜타플루오로에테인-1,1,1,2,2-다이온(FK-5-1-12), 수소불화탄소(HFC) 등의 연구 및 적용 확대
- **국가별 규제 차별화**: 일부 국가에서는 대체 기술 개발에 대한 지원책 마련

6. 할론 소화약제의 현재와 미래

- **현재**: 기존 시스템 유지와 함께 점진적인 대체 약제 도입 중
- **미래 전망**: 완전한 친환경 대체 기술의 도입이 필수적
- **지속 가능한 소화 기술 연구**: 환경적 영향을 최소화하는 신소재 및 신기술 연구 활발

1.2 할론의 화학적 특성과 주요 종류

표 7.1 주요 할론 소화약제의 특성 비교

할론 화합물	화학식	주요 용도	기화성	환경 영향
할론 1211	CF_2ClBr	이동식 소화기	중간	높음 (오존층 파괴 가능)
할론 1301	CF_3Br	고정식 소화 시스템	높음	높음 (규제 대상)
할론 2402	$C_2F_4Br_2$	특정 산업	낮음	높음 (사용 제한)

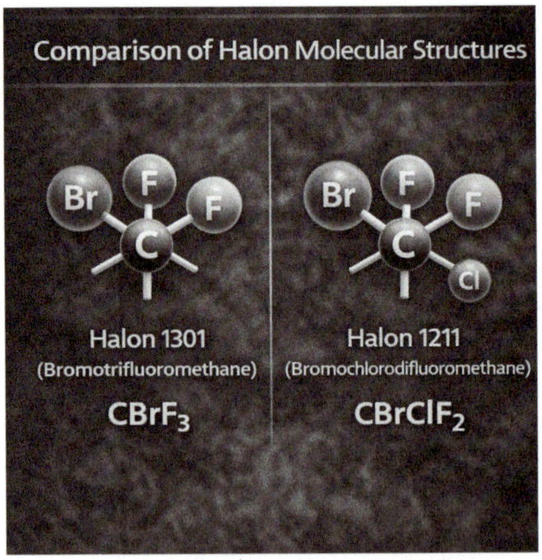

그림 7.2 할론 소화약제의 분자 구조 비교

할론 소화약제는 브로모 탄소계 화합물로, 뛰어난 소화 성능과 안정성을 갖춘 화학물질이다. 주로 사용되는 할론 화합물에는 할론

1211(CF_2ClBr)과 할론 1301(CF_3Br)이 있다. 이들은 높은 소화 효과와 낮은 독성으로 인해 다양한 산업에서 널리 활용되었다.

1. 할론 1211 (CF_2ClBr)

할론 1211은 주로 이동식 소화기에서 사용되며, 액체 상태로 저장되었다가 방출 시 기화하여 소화 작용을 수행한다. 이 화합물은 상대적으로 높은 열 안정성을 가지며, 특히 다음과 같은 특징을 갖는다.

- **빠른 화재 진압**: 연소 반응을 화학적으로 중단시키는 능력이 뛰어남
- **잔여물 없음**: 소화 후에도 잔여물이 남지 않아 전자기기 및 정밀 장비 보호에 적합
- **비전도성**: 전기적 특성이 없어 전기 및 전자장비 화재에 효과적

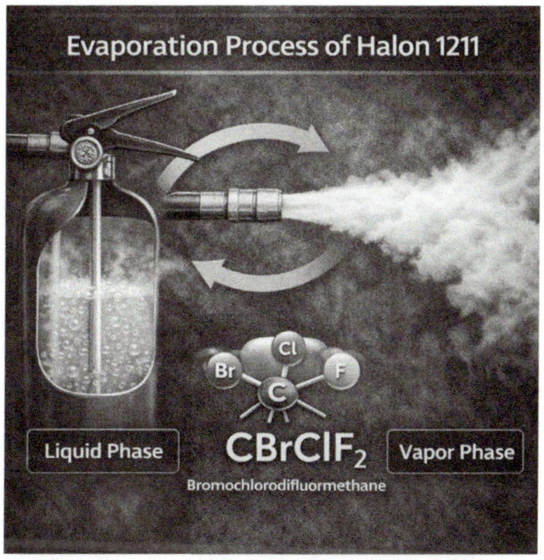

그림 7.3 할론 1211의 기화 과정

2. 할론 1301 (CF_3Br)

할론 1301은 주로 고정식 소화 시스템에서 사용되며, 기체 상태로 저장된다. 이 화합물은 방출 후 실내 공간에 빠르게 확산하며, 넓은 면적을 효과적으로 커버할 수 있다. 주요 특징은 다음과 같다.

- **기화성이 높음**: 기체 형태로 존재하며 실내 공기와 빠르게 혼합됨
- **고온에서 안정성 유지**: 높은 온도에서도 소화 효과를 발휘함
- **안전한 사용 가능 범위**: 일정 농도까지는 인체에 대한 독성이 상대적으로 낮음

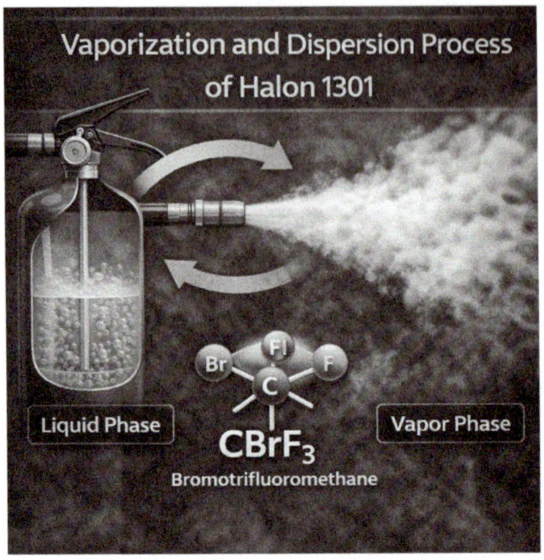

그림 7.4 할론 1301의 기화 및 확산 과정

3. 기타 할론 화합물

이외에도 할론 2402($C_2F_4Br_2$) 등이 존재하며, 특정 산업에서 제한적으로 사용되었다. 할론 화합물은 뛰어난 소화 성능을 가졌지만, 오존층 파괴 문제로 인해 대부분 국가에서 생산과 사용을 규제하고 있다. 이에 따라 할론 대체 물질에 대한 연구가 활발히 진행 중이다.

할론의 화학적 특성과 주요 종류를 이해하는 것은 대체 소화약제 연구 및 환경 보호 정책 수립에 중요한 기초 자료가 된다.

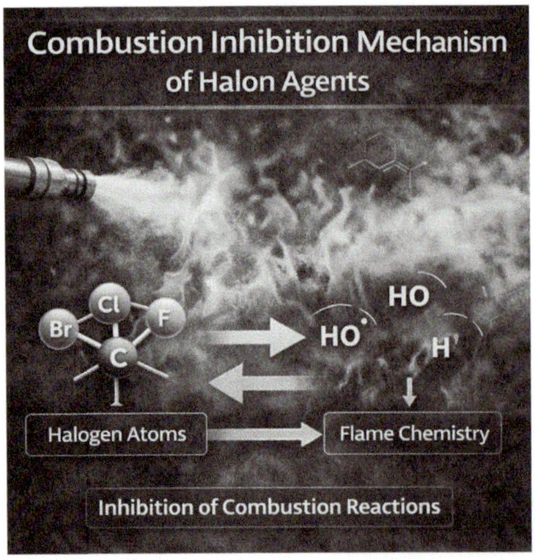

그림 7.5 할론 소화약제의 연소 억제 작용 메커니즘

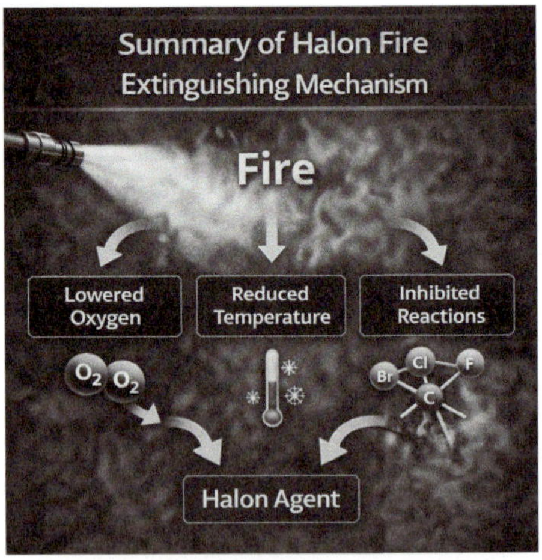

그림 7.6 할론의 소화 메커니즘 개략도

1.3 할론의 소화 메커니즘

할론 소화약제는 연소 반응을 억제하는 다양한 기작을 가지고 있으며, 주로 화학적 억제 작용을 통해 연소 반응을 중단시킨다. 또한 열 흡수 및 산소 희석 효과도 일부 작용하여 소화 성능을 극대화한다. 연소 과정에서 생성되는 활성 라디칼(•O, •OH 등)과 반응하여 연쇄적인 연소 반응을 억제하는 것이 핵심 원리이다.

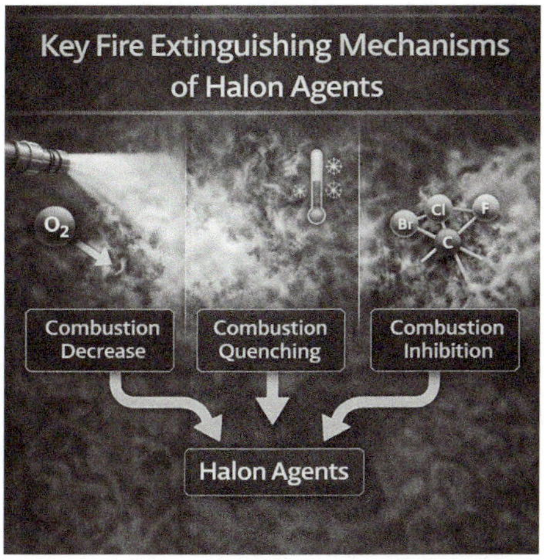

그림 7.7 할론 소화약제의 주요 소화 메커니즘

1. 화학적 억제 작용

할론은 연소 반응 중 생성되는 활성 라디칼과 결합하여 연쇄 반응을 차단한다. 이 과정에서 할론 분자는 분해되며 브로민과 염소 원자가 방출되는데, 이들이 연소에 필수적인 활성 라디칼과 반응하여 불꽃의 지속적인 형성을 방해한다. 이러한 과정은 매우 빠르게 진행되며, 적은 양의 할론으로도 효과적인 소화가 가능하다.

표 7.2 할론 소화약제의 라디칼 억제 작용

활성 라디칼	할론의 억제 반응	결과
•O	할론 분해로 인한 라디칼 제거	연소 반응 차단
•OH	브로민 및 염소와 결합하여 반응 차단	화염 진화
•H	할론과 결합하여 불완전 연소 유도	온도 감소

그림 7.8 할론의 냉각 효과 개략도

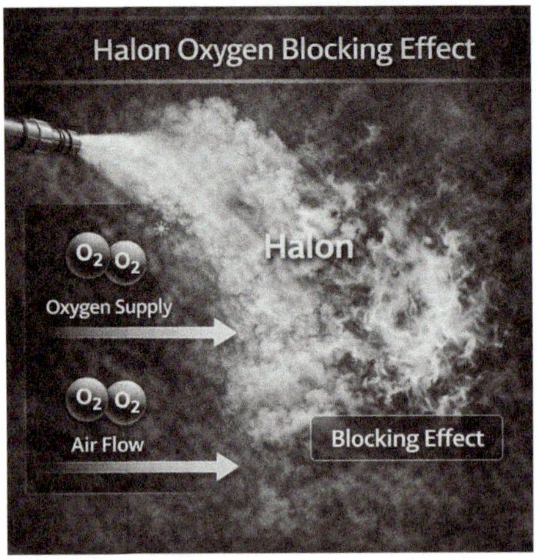

그림 7.9 할론의 산소 차단 효과 개념도

2. 냉각 효과

할론이 방출될 때 주변 공기 및 화염과의 접촉을 통해 일부 열을 흡수하는 냉각 작용을 한다. 특히 할론 1301과 같은 고기화성 물질은 빠르게 확산하면서 연소 영역의 온도를 낮추어 연소속도를 감소시킨다. 이는 연소에 필요한 최소 온도 이하로 유지됨으로써 추가적인 연소 반응을 억제하는 효과를 낸다.

3. 산소 차단 효과

일부 할론 화합물은 방출 시 연소 구역의 산소 농도를 희석하여 연소를 억제하는 역할을 수행한다. 특히 밀폐된 공간에서는 이러한 효과가 더욱 강력하게 나타나며, 일정 농도 이하로 산소 수준을 낮출 경우, 연소 자체가 지속될 수 없게 된다. 이는 화재가 공기 중의 산소를 필요로 하는 원리를 활용한 소화 기법이다.

4. 기체 확산 및 균일한 소화 작용

할론 소화약제는 기체 상태로 빠르게 확산하며, 소화제가 연소 구역 전체에 균일하게 퍼지는 특성을 갖고 있다. 이는 다른 액체 기반 소화약제와 비교할 때 기체 상태의 장점을 극대화한 것이다. 할론 1301은 방출 후 밀폐된 공간에서 신속하게 연소 면적 전체에 퍼지며, 소화 후 잔여물이 거의 남지 않아 전자장비 보호에도 적합하다.

5. 적용 분야별 최적화된 소화 원리

할론은 다양한 산업에서 사용되며, 각 분야에 따라 소화 메커니즘이 최적화될 수 있다.

- **항공기 및 우주 산업**: 신속한 기화와 연소 억제 기능을 활용하여 화재를 빠르게 진압한다.
- **군사 시설**: 탄약고 및 중요 장비 보호를 위해 낮은 잔여물과 높은 효율성을 보인다.
- **데이터센터 및 전산실**: 전기 장비 보호를 위해 화학적 억제 작용과 잔여물 최소화가 중요한 요소이다.

1.4 할론 소화약제의 적용 사례

할론 소화약제는 다양한 산업 분야에서 중요한 자산을 보호하는 역할을 수행하였다. 대표적인 적용 사례는 다음과 같다.

1. 항공기 및 우주 산업

할론 1301은 항공기 및 우주선의 전자장비와 엔진룸 보호를 위해 널리 사용되었다. 기체 상태로 빠르게 확산하며, 기내 화재 발생 시 적은 양으로도 효과적인 소화가 가능하다. 또한, 기체 소화약제의 특성상 기내 전자장비에 손상을 주지 않아 유지보수 비용이 낮아지는 장점이 있다.

2. 군사 시설

군사 장비 및 탄약고 보호를 위해 할론 소화약제가 사용되었다. 특히, 함정이나 잠수함과 같은 밀폐된 환경에서 화재를 신속하게 진압할 필요가 있는 곳에서 효과적으로 적용되었다. 할론 1301은 빠른 기화성과 높은 소화 능력 덕분에 화재 발생 시 신속한 대응이 가능하며, 장비 보호에 최적화된 소화 시스템으로 자리 잡았다.

3. 데이터센터 및 전산실

데이터센터와 전산실에서는 할론 1211과 1301이 주로 사용되었다. 전자 비 보호가 중요한 환경에서는 소화 후 잔여물이 남지 않는 것이 필수적이며, 할론은 이러한 조건을 충족하는 소화약제였다. 화재 발생 시 민감한 서버 장비와 스토리지 시스템을 안전하게 보호할 수 있어 많은 기업과 기관에서 사용되었다.

4. 박물관 및 기록보관소

귀중한 문화재 및 역사적 문서를 보호하기 위해 할론 소화약제가 사용되었다. 기존의 물 소화 시스템과 달리, 할론은 화재 진압 후에도 유물에 손상을 주지 않는다는 점에서 박물관 및 도서관과 같은 환경에서 선호되었다. 특히, 할론 1301은 실내 공기 중에 균일하게 퍼지며 유물을 보호하는 데 적합하였다.

5. 발전소 및 변전소

전력 시설에서는 화재로 인한 전력 공급 중단을 방지하기 위해 할론 소화약제가 사용되었다. 변전소, 제어실, 전기 패널 등의 보호를 위해 사용되었으며, 전기 전도성이 없는 특성 덕분에 감전 위험이 없는 소화 시스템으로 활용되었다.

6. 해양 및 선박 산업

그림 7.10 할론 소화약제의 실제 적용 사례

선박 및 해양 플랫폼에서는 할론이 엔진룸과 제어실 화재 진압을 위해 사용되었다. 밀폐된 환경에서 발생하는 화재는 빠르게 확산할 위험이 높기 때문에, 할론 1301과 같은 기체 소화약제는 즉각적인 소화 효과를 제공하며 선박의 구조적 손상을 최소화하는 역할을 하였다.

할론 소화약제는 이러한 다양한 분야에서 필수적인 역할을 수행하였으나, 환경 문제로 인해 점차 대체 소화약제로 전환되고 있다.

1.5 할론 소화약제의 한계와 문제점

1 환경 문제

할론 소화약제는 오존층 파괴 물질로 확인되어 국제적으로 규제되었다. 몬트리올 의정서에 따라 1994년부터 신규 생산이 중단되었으며, 기존 저장분만 제한적으로 사용 가능하다. 할론 1301과 1211은 특히 오존층 파괴 지수(ODP)가 높아 환경에 미치는 부정적 영향이 크다.

2. 높은 비용과 대체 기술 필요성

할론의 생산이 금지된 이후, 기존 시스템의 유지 및 대체 기술 개발이 중요한 과제가 되었다. 기존 장비의 유지 비용이 상승했으며, 대체 소화약제로의 전환을 위한 추가 비용이 발생하고 있다.

3. 인체 독성 문제

고농도의 할론에 노출될 경우, 인체에 독성이 있으며 특히 심장 부정맥을 유발할 수 있는 위험성이 존재한다. 밀폐된 공간에서 사용 시, 할론 농도가 높아지면 생명에 위험을 초래할 수 있어 특별한 주의가 필요하다.

4. 제한적인 적용 범위

현재 많은 국가에서 환경 보호를 이유로 할론 사용을 엄격히 제한하고 있으며, 신규 프로젝트에서는 할론 기반 시스템을 채택하지 않는 방향으로 전환하고 있다. 이에 따라 할론을 대체할 친환경적인 소화약제 연구가 활발히 진행되고 있다.
이러한 문제점들로 인해, 할론을 대체하는 새로운 소화 기술의 개발이 필수적이며, 지속 가능한 대체물질 연구가 더욱 가속화되고 있다.

2 환경 문제 및 규제

2.1 오존층 파괴와 온실효과

1. 할론의 오존층 파괴 영향

- 할론(Halon)은 높은 소화 효율로 인해 널리 사용되었으나, 오존층 파괴 물질(ODS, Ozone Depleting Substances)로 판명됨
- **주요 할론 소화약제:** 할론 1211(CF_2ClBr), 할론 1301(CF_3Br) 등이 있으며, 이들은 브로민(Br) 원자를 포함하여 오존층 파괴 지수(ODP,

Ozone Depletion Potential)가 높음

- 대기 중에서 분해되지 않고 성층권까지 도달하여 오존(O_3) 분자를 파괴함
- 이에 따라 1987년 몬트리올 의정서(Montreal Protocol)에 의해 단계적 사용 제한 및 금지 조치가 취해짐

2. 온실효과와 지구온난화 지수(GWP)

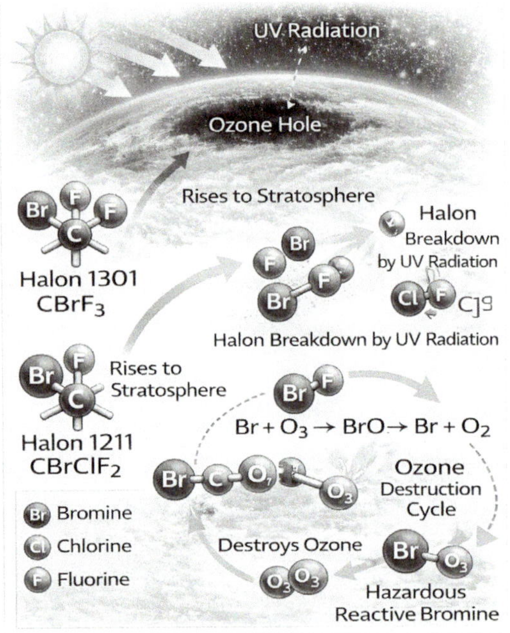

그림 7.11 할론의 오존층 파괴 메커니즘

- 할론은 오존층을 파괴할 뿐만 아니라, 지구온난화 지수(GWP, Global Warming Potential)가 높은 물질로 평가됨
- CO_2의 GWP를 1로 기준할 때, 할론 1301은 6,900, 할론 1211은 1,750의 GWP를 가짐
- 대체 할론으로 개발된 HFC(수소불화탄소, Hydrofluorocarbon) 계열 소화약제도 일부 높은 GWP를 보이며, 이에 따라 점차 사용 제한이 논의되고 있음

2.2 국제 환경 규제

1. 몬트리올 의정서(Montreal Protocol)

- 1987년 채택된 국제 협약으로, 오존층 파괴 물질의 단계적 감축 및 금지를 목표로 함
- 할론 소화약제는 1994년 이후 신생산이 중단되었으며, 기존 비축분만 일부 사용 허용
- 1999년 개정에서는 개발도상국의 감축 계획을 포함하여 보다 강력한 규제 시행

2. 교토 의정서(Kyoto Protocol)

- 1997년 채택된 국제 협약으로, 주요 온실가스 감축을 목표로 설정
- CO_2뿐만 아니라 HFC, PFC(과불화탄소), SF_6(육불화황) 등도 감축 대상 포함
- 이에 따라 일부 대체 할론(HFC-227ea 등)도 사용 규제가 강화됨

3. 키갈리 개정안(Kigali Amendment)

- 2016년 몬트리올 의정서의 개정안으로, 지구온난화 지수(GWP)가 높은 HFC 사용을 단계적으로 감축하는 조치를 포함
- 2047년까지 HFC 사용량을 80% 이상 감축하는 것을 목표로 설정

표 7.3 주요 국제 환경 규제 및 소화약제 관련 조치

규제명	주요 내용	소화약제 영향
몬트리올 의정서 (1987)	오존층 파괴 물질 단계적 감축	할론 사용 금지
교토 의정서 (1997)	온실가스 감축	HFC 포함
키갈리 개정안 (2016)	HFC 단계적 감축	일부 대체 할론 사용 제한

2.3 국내 환경 규제

1. 오존층 보호법 및 대기환경보전법

- 대한민국에서는 오존층 보호법(1992년 제정)을 통해 할론 사용을 금지하고, 기존 시스템의 회수 및 안전 처리를 규정함
- 대기환경보전법에서도 온실가스 배출 규제를 포함하여 HFC 기반 소화약제 사용을 점진적으로 감축하는 정책을 추진

2. 소방청 및 환경부의 규제

- 소방시설 유지관리 기준에서 할론 사용 금지 및 대체 소화약제 적용을 명시
- 환경부는 HFC 기반 소화약제의 회수·재활용 시스템을 구축하고, 온실가스 배출권 거래제와 연계하여 사용 제한

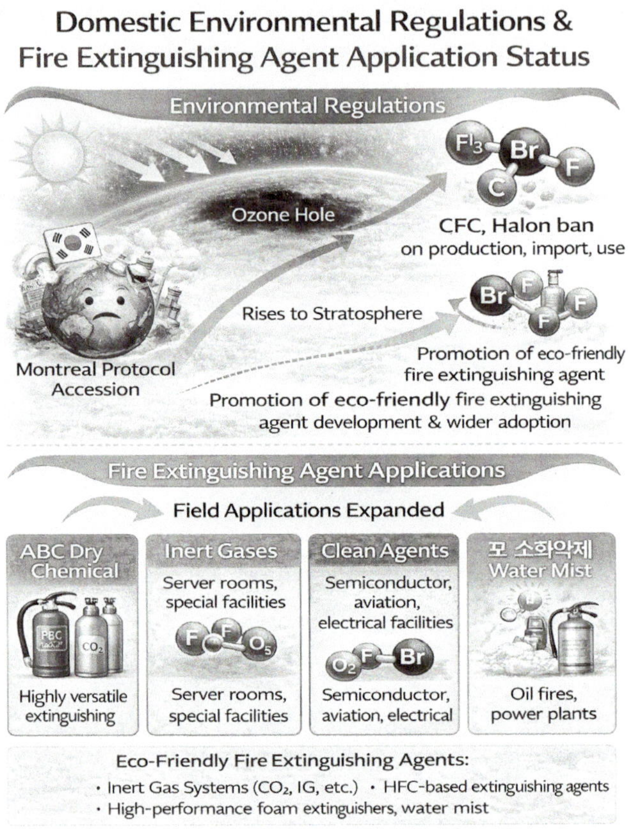

그림 7.12 국내 환경 규제와 소화약제 적용 현황

2.4 대체 소화약제의 환경 영향 및 규제 대응

1. 친환경 대체 소화약제

- FK-5-1-12(Perfluoro ketone)와 같은 저GWP(약 1 미만)의 차세대 소화약제가 개발됨
- CO_2, IG(Inert Gas) 계열 소화약제는 오존층 파괴 및 지구온난화 영향을 최소화하는 대안으로 주목됨

2. 지속 가능한 소화 시스템 개발

- 소화약제 사용 최소화를 위한 전기·기계적 소화 기술 연구
- 친환경 소재 적용 및 회수·재활용 기술 개발

그림 7.13 친환경 대체 소화약제의 종류 및 특징

3 대체 할론 소화약제의 종류 및 특성

3.1 개요

- 할론(Halon)은 우수한 소화 성능을 가지고 있으나, 오존층 파괴 문제로 인해 국제적으로 사용이 제한됨
- 이에 따라 환경친화적이고 할론을 대체할 수 있는 다양한 소화약제 개발이 진행됨
- 대체 할론 소화약제는 주로 HFC(Hydrofluorocarbon), PFC(Perfluoroc-arbon), FK(Fluoroketone) 및 불활성기체 계열로 분류됨
- 본 절에서는 대체 할론 소화약제의 종류와 특성을 상세히 기술함
- 최근 연구에 따르면, 대체 할론 약제는 기존 할론보다 빠른 소화 속도를 가지며, 특정 환경에서 더욱 안정적인 특성을 나타냄
- 각 약제의 적용 가능 범위와 화재 유형별 효과를 비교하여 효율적인 선택이 필요함

3.2 HFC(Hydrofluorocarbon) 계열

1. HFC-227ea (Heptafluoropropane)

- **화학식:** C_3HF_7
- **대체 가능 대상:** 할론 1301
- **소화 메커니즘:** 화염의 자유 라디칼을 제거하여 소화

• 특징:

① 인체 독성이 낮고 전기 절연성이 우수함

② 지구온난화 지수(GWP)가 다소 높음(약 3220)

③ 오존층 파괴 지수(ODP)는 0

④ 방출 후 잔류시간이 길어 장기적인 환경 부담 존재

⑤ 최근 실험 결과, 특정 화재 환경에서 더 빠른 반응 시간을 나타냄

⑥ 높은 전기 절연성을 요구하는 전기화재에 적합

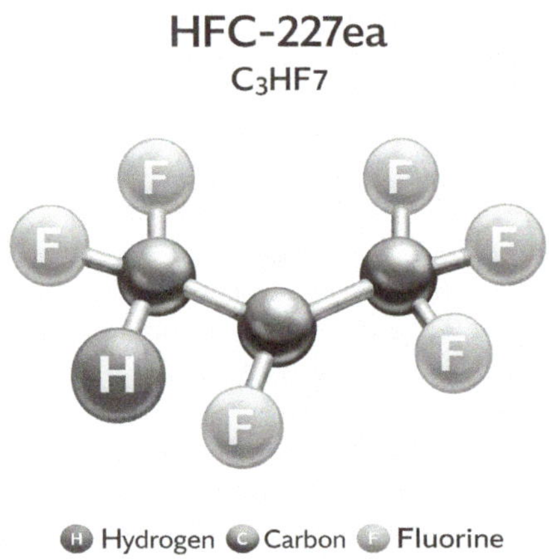

그림 7.14 HFC-227ea의 분자 구조

2. HFC-125 (Pentafluoroethane)

• **화학식**: C_2HF_5

• **대체 가능 대상**: 할론 1211, 할론 1301

• **소화 메커니즘**: 냉각 효과와 화학적 억제 작용을 통한 소화

• **특징**:

① 오존층 파괴 지수(ODP) 0, 지구온난화 지수(GWP) 3500

② 높은 전기 절연성 보유

③ 인체에 대한 독성이 낮지만 장기간 노출 시 주의 필요

④ 최신 분석에 따르면, 대기 중 안정성이 높아 장기적으로 유리한 대체 소화약제임

⑤ 반도체 제조 시설 및 데이터 센터에 사용 가능

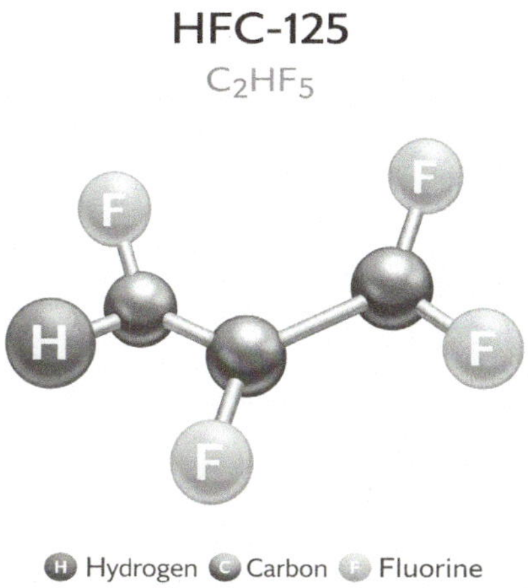

그림 7.15 HFC-125의 분자 구조

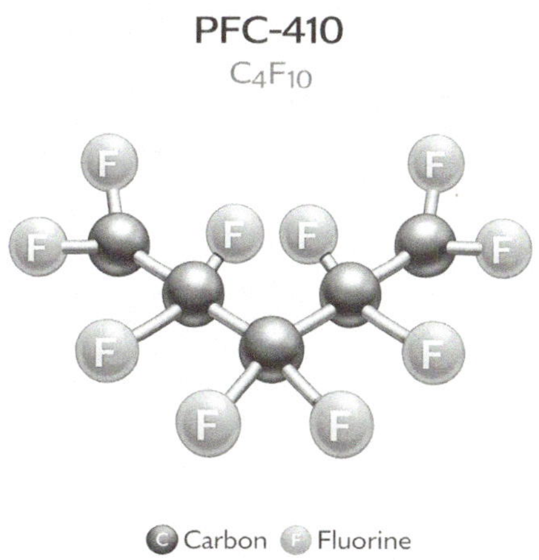

그림 7.16 PFC-410의 분자 구조

3.3 PFC(Perfluorocarbon) 계열

1. PFC-410 (Perfluorobutane)

- 화학식: C_4F_{10}
- 대체 가능 대상: 할론 1301
- 소화 메커니즘: 화염 반응의 자유 라디칼을 억제
- 특징:
  ① 화학적 안정성이 높아 반응성이 낮음
  ② 높은 GWP(9500)로 인해 환경 영향이 큼
  ③ 전기 절연성이 뛰어나 전기화재에 적용 가능
  ④ 최근 연구에서는 전기화재에서 더 높은 안정성을 제공하는 것으로 나타남
  ⑤ 높은 전기 절연성을 요구하는 항공기 및 군사 장비에 적합

3.4 FK(Fluoroketone) 계열

1. FK-5-1-12 (Dodecafluoro-2-methylpentan-3-one)

- 화학식: $C_6F_{12}O$
- 대체 가능 대상: 할론 1301, 할론 1211
- 소화 메커니즘: 냉각 효과와 화학적 억제 작용

PFC-410

C_4F_{10}

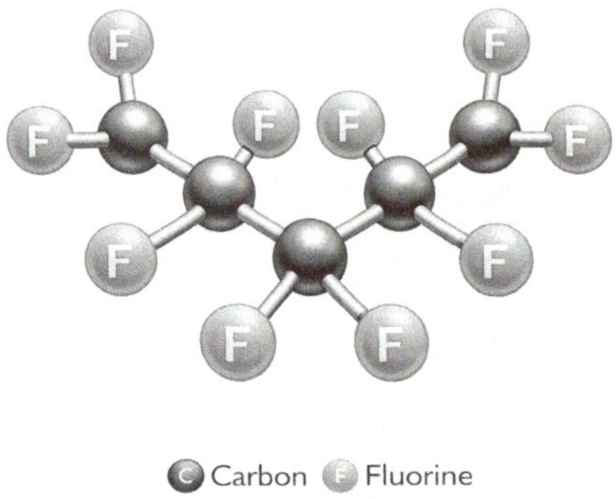

그림 7.17 FK-5-1-12의 분자 구조

- 특징:
  ① ODP 0, GWP 1로 환경친화적
  ② 증발 후 잔류물이 남지 않음
  ③ 인체 독성이 낮아 실내 소화 시스템에 적합
  ④ 환경적으로 가장 안전한 대체 소화약제로 평가됨
  ⑤ 높은 분해 속도로 인해 환기 시스템이 중요한 환경에 적합

3.5 불활성기체 계열

1. IG-541 (Inergen, 혼합 기체)

IG-541

N_2, Ar, CO_2

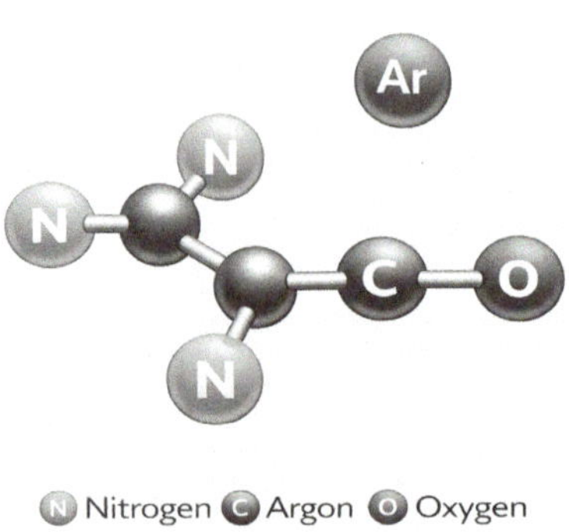

그림 7.18 IG-541의 분자 구조

- **구성**: 질소(N_2) 52%, 아르곤(Ar) 40%, 이산화탄소(CO_2) 8%
- **대체 가능 대상**: 할론 1301
- **소화 메커니즘**: 산소 농도를 낮춰 연소 억제
- **특징**:
  ① 오존층 파괴 및 온난화 효과 없음
  ② 전기 절연성이 높음
  ③ 높은 방출 압력이 요구됨
  ④ 최신 연구에서 밀폐공간에서의 활용성이 증가하는 경향을 보임
  ⑤ 인체 안전성을 고려하여 설계된 시스템에서 선호됨

2. IG-55 (Argonite)

- **구성**: 아르곤(Ar) 50%, 질소(N_2) 50%
- **대체 가능 대상**: 할론 1301
- **소화 메커니즘**: 산소 농도 감소를 통한 소화
- **특징**:
  ① 100% 천연가스로 환경 부담 없음
  ② 화학반응 없이 기계적인 방식으로 소화
  ③ 높은 방출 압력 요구
  ④ 추가 연구에 따르면, 높은 압력 시스템에서도 안정적인 성능을 보임
  ⑤ 장비 보호 및 안전성이 중요한 환경에서 사용 증가

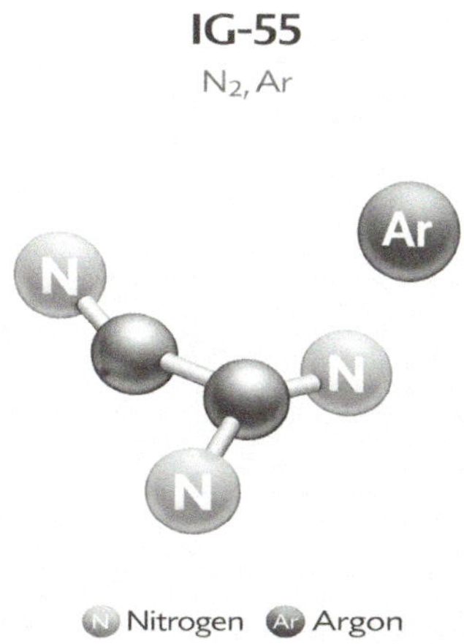

그림 7.19 IG-55의 분자 구조

표 7.4 대체 할론 소화약제 비교

약제명	화학식	대체 가능 대상	소화 메커니즘	ODP	GWP
HFC-227ea	C_3HF_7	할론 1301	자유 라디칼 제거	0	3220
HFC-125	C_2HF_5	할론 1211, 1301	냉각 및 화학적 억제	0	3500
PFC-410	C_4F_{10}	할론 1301	자유 라디칼 억제	0	9500
FK-5-1-12	$C_6F_{12}O$	할론 1301, 1211	냉각 및 화학적 억제	0	1
IG-541	N_2, Ar, CO_2	할론 1301	산소 농도 감소	0	0
IG-55	Ar, N_2	할론 1301	산소 농도 감소	0	0

4 최신 대체 약제 연구 및 적용 사례

4.1 대체 할론 개발의 배경

- 20세기 중반부터 할론 소화약제는 뛰어난 소화 성능과 넓은 적용 범위로 인해 다양한 산업에서 널리 사용됨
- 할론 1301과 할론 1211은 강력한 오존층 파괴 물질로 밝혀져 환경 문제의 주요 원인이 됨
- 1987년 몬트리올 의정서 채택 이후 오존층 보호를 위한 규제 강화됨
- 할론의 생산 및 사용이 단계적으로 금지되면서 대체 소화약제 개발 필요성이 대두됨
- 대체 약제 개발 시 고려해야 할 요소
  ① 기존 할론과 유사하거나 더 우수한 소화 성능을 가질 것
  ② 오존층 보호 및 지구온난화 영향을 고려한 친환경적 특성을 가질 것
  ③ 오존층 파괴 지수(ODP)가 0이거나 극히 낮고, 지구온난화 지수(GWP)도 최소화할 것
  ④ 전기적 비전도성이 낮아 전자 기기와 정밀 장비 보호에 적합할 것
  ⑤ 인체 및 동물에게 무해한 독성 수준을 유지할 것
  ⑥ 기존 할론 소화 시스템과의 호환성이 높아 쉽게 적용 가능할 것
- 현재 대체 할론 연구 현황
  ① 화학적, 물리적 소화 메커니즘을 활용한 다양한 기술적 접근 진행 중

② HFC(Hydrofluorocarbon) 계열, FK-5-1-12(Novec 1230), IG(불활성기체) 계열 등이 주요 후보 물질로 연구됨

③ 최근에는 대체 할론의 성능 향상을 위해 나노소재 활용, 복합 소화 시스템 도입 등 새로운 기술적 시도 진행

④ 지속 가능한 소화약제 연구를 통해 환경 보호와 소화 성능의 균형 유지 시도

그림 7.20 대체 할론 개발의 역사적 배경

4.2 대체 할론의 주요 특성

1. 환경적 특성

- 오존층 파괴 지수(ODP)가 0이거나 극히 낮아야 함
- 지구온난화 지수(GWP)가 기존 할론보다 낮아야 함
- 대기 중 잔류 기간이 짧아야 함

2. 소화 성능

- 기존 할론과 유사하거나 더 우수한 소화 성능을 가질 것
- 다양한 화재 유형에 적용 가능해야 함
- 열분해 시 유해가스 발생이 적어야 함

3. 안전성

- 인체에 무해하거나 저독성일 것
- 고온에서 화학적으로 안정적이며 부식성이 낮아야 함
- 기존 소화설비와 호환성이 높아야 함

표 7.5 대체 할론별 주요 특성 비교

대체 약제	ODP	GWP	소화 방식	주요 적용 분야
HFC-227ea	0	3220	화학 반응 억제	데이터센터, 전자 장비
FK-5-1-12 (Novec 1230)	0	1	열 흡수 및 화학 반응 억제	문화재 보호, 전기시설
IG-55	0	0	산소 희석	산업시설, 발전소
IG-541	0	0	산소 희석	항공기, 산업시설

4.3 최신 대체 약제 연구

1. HFC(Hydrofluorocarbon) 계열

- **대표적 물질**: HFC-227ea, HFC-125, HFC-236fa
- 무색, 무취, 전기적 비전도성을 가짐
- 기존 할론과 유사한 소화 메커니즘(열 흡수 및 화학 반응 억제)
- 높은 GWP로 인해 사용 제한 가능성이 있음

2. FK-5-1-12 (Novec 1230)

- Perfluoroketone 계열로 GWP가 낮음
- 대기 중 수명이 짧아서 환경친화적임
- 높은 소화 효율을 가지며 전기 및 전자 기기에 안전함
- 기존 HFC 계열보다 인체 독성이 낮아 실내 환경에서도 적용 가능

3. IG(불활성기체) 계열 대체 약제

- **대표적 물질**: IG-55(질소+아르곤), IG-541(질소+아르곤+이산화탄소)
- 환경적 영향을 최소화하며 잔류 물질이 없음
- 산소 희석 효과를 통해 화재를 진압하는 방식
- 전기 및 전자 기기에 대한 부식 위험이 낮음

4. 기타 연구 중인 대체 약제

- 친환경적인 유기 화합물 기반 소화약제 연구 진행 중
- 하이브리드 소화 시스템(액체+가스 복합형) 개발
- 나노기술을 활용한 초미립자 소화 시스템 연구

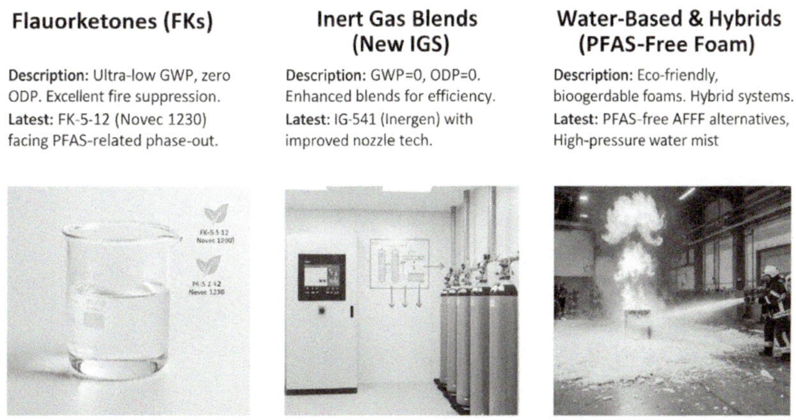

그림 7.21 최신 대체 약제 연구 개요

4.4 대체 할론 적용 사례

1. 데이터센터 및 IT 인프라 보호

- HFC-227ea 및 Novec 1230이 주로 사용됨
- 빠른 소화 반응 및 전자 기기 보호 기능이 강점
- 글로벌 IT 기업 및 클라우드 데이터센터에서 널리 사용됨

2. 항공기 화재 진압

- HFC-125 및 IG 계열이 항공기 화재 진압 시스템에 적용됨
- 무게 절감 및 높은 소화 성능을 요구하는 환경에서 사용
- 국제 항공안전 기준에 부합하도록 지속적인 연구 진행

3. 박물관 및 문화재 보호

- Novec 1230 및 IG-541이 주요 적용됨
- 소화 후 잔류물이 없어 문화재 보호에 적합
- 국내외 박물관에서 실제 적용 사례 증가

4. 산업 시설 및 발전소

- IG 계열 소화 시스템이 널리 도입됨
- 대규모 화재 위험이 있는 산업 환경에서 효과적
- 기존 할론 소화 시스템을 대체하는 사례 증가

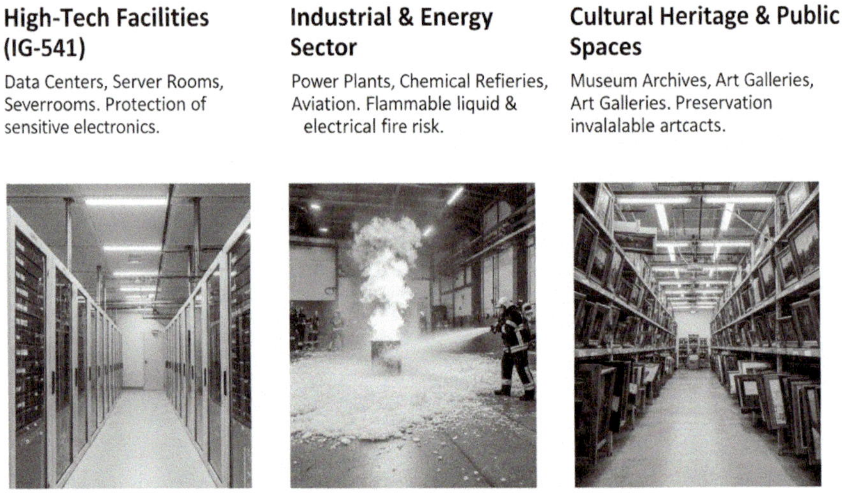

그림 7.22 다양한 산업에서의 대체 할론 적용 사례

4.5 대체 할론의 향후 전망

그림 7.23 대체 할론의 미래 발전 방향

- 환경 규제 강화로 인해 저 GWP 및 ODP 0의 대체 약제 연구 확대
- 나노소재 및 친환경 화합물을 활용한 차세대 소화 기술 개발
- 경제성과 성능을 동시에 개선하는 기술적 접근 필요
- 다양한 산업 및 환경 조건에 맞춘 맞춤형 소화 시스템 개발 지속

연습문제

01 할론 소화약제의 소화 원리를 설명하시오.

02 할론 소화약제가 환경적으로 문제가 되는 이유를 설명하시오.

03 몬트리올 의정서에서 할론 사용을 금지한 이유를 논하시오.

04 대체 할론 소화약제(HFC, FK-5-1-12)의 장점과 단점을 비교하시오.

05 불활성기체 소화약제(IG-100, IG-55 등)의 소화 메커니즘을 설명하시오.

06 대체 할론 소화약제의 연구 개발 방향을 설명하시오.

07 산업 현장에서 대체 할론이 기존 할론 대비 가지는 가장 큰 장점은 무엇인가?

08 특정 산업에서 대체 할론 소화약제를 사용하는 사례를 조사하여 설명하시오.

09 대체 할론 소화약제의 국제 규제 변화가 산업계에 미치는 영향을 분석하시오.

10 차세대 대체 소화약제 개발에서 고려해야 할 핵심 요인은 무엇인가?

참고문헌

- NFPA. (2021). Halon Replacement Fire Suppression Systems.
- UNEP. (2020). Montreal Protocol and Fire Protection.
- 한국환경부. (2021). 오존층 보호를 위한 할론 대체 기술 보고서.
- ISO 14520-1. (2016). Gaseous Fire-Extinguishing Systems - Physical Properties and System Design.
- IPCC. (2021). Climate Change and Fire Suppression Agents.
- National Institute of Standards and Technology (NIST). (2022). Evaluation of Alternative Fire Suppression Agents.
- European Chemicals Agency (ECHA). (2023). Regulations on Fluorinated Gas Alternatives.
- Fire Protection Research Foundation. (2022). Advancements in Fire Suppression Technologies.

CHAPTER

08 분말 소화약제

학습목표

- 분말 소화약제의 기본 특성과 소화 메커니즘을 이해한다.
- 분말 소화약제의 종류(ABC형, BC형, D형)를 설명할 수 있다.
- 분말 소화약제의 적응 화재 및 주요 사용 사례를 분석한다.
- 분말 소화약제의 저장, 방출 방식 및 관리 방법을 익힌다.

1 분말 소화약제의 기본 특성

1.1 개요

분말 소화약제는 연소 반응을 차단하기 위해 사용되는 고체 형태의 소화약제로, 다양한 화재 유형에 대응할 수 있다. 주된 소화 원리는 가연물과의 반응을 방해하고 열을 흡수하여 연소 과정을 차단하는 것이다. 또한, 전도성이 낮아 전기화재에도 안전하게 사용할 수 있다.

1.2 주요 구성 성분

분말 소화약제는 주요 소화 성분과 첨가제로 구성되며, 성분에 따라 화재 대응 유형이 달라진다.

1. 주요 성분

- ABC형: 인산암모늄(Ammonium Phosphate)
- BC형: 탄산수소나트륨(Sodium Bicarbonate) 또는 황산칼륨(Potassium Sulfate)
- D형: 금속 화재 전용 분말(예 탄산나트륨, 염화나트륨 등)

2. 첨가제

- 수분 흡수를 방지하는 코팅제

- 분산성을 높이는 첨가물
- 소화 효과를 증진하는 촉진제

표 8.1 분말 소화약제의 성분과 용도

유형	주요 성분	적용 화재
ABC형	인산암모늄	A, B, C형 화재
BC형	탄산수소나트륨, 황산칼륨	B, C형 화재
D형	금속계 화합물	금속 화재

1.3 물리적 특성

분말 소화약제는 미세한 고체 입자로 이루어져 있으며, 다음과 같은 물리적 특성을 가진다.

- **입자 크기**: 일반적으로 10~75μm 범위
- **비중**: 보통 0.8~1.2 g/cm³
- **비전도성**: 전기화재에도 사용 가능
- **비산성**: 공기 중에 퍼지기 쉬우며 화재 범위를 넓게 덮을 수 있음

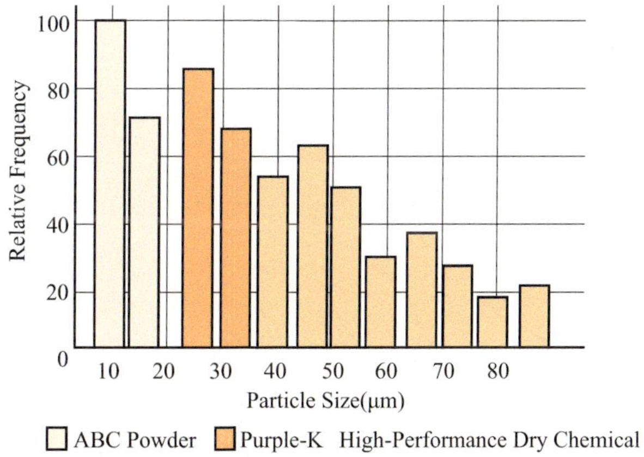

그림 8.1 분말 소화약제의 입자 크기 비교

1.4 화학적 특성

각 성분은 특정 방식으로 화재를 진압하는 역할을 한다.

- **인산암모늄 (ABC형)**: 높은 온도에서 메타인산 형태로 변환되며, 고온 가연물 표면에 보호층을 형성하여 연소를 차단함

- 탄산수소나트륨 (BC형): 가열되면 이산화탄소를 방출하여 화염을 제거함
- 금속 화재 전용 분말 (D형): 반응성이 높은 금속과 결합하여 보호층을 형성하고 열을 흡수하여 화재 확산을 방지함

1.5 소화 효과

분말 소화약제의 주요 소화 효과는 다음과 같다.

- 화학적 억제 작용: 연소 과정에서 생성되는 활성 라디칼(OH, H, O)을 제거하여 연쇄반응을 차단함
- 냉각 효과: 일부 분말은 흡열 반응을 통해 화재 온도를 낮춤
- 기계적 차단 효과: 가연물 표면에 보호막을 형성하여 산소 공급을 차단함

1.6 분말 입자의 크기와 소화 성능의 관계

입자의 크기는 소화 효과에 중요한 영향을 미친다. 적절한 입자 크기를 유지해야 효과적인 소화가 가능하다.

- 작은 입자 (10–30μm): 화염과 쉽게 반응하여 소화를 촉진하지만, 너무 작으면 공기 중에 부유하여 효과가 감소할 수 있음
- 중간 크기 입자 (30–50μm): 가장 효과적인 크기이며, 분산성과 소화력이 균형을 이룸
- 큰 입자 (50μm 이상): 무게가 무거워 빠르게 가라앉아 소화력이 낮아질 수 있음

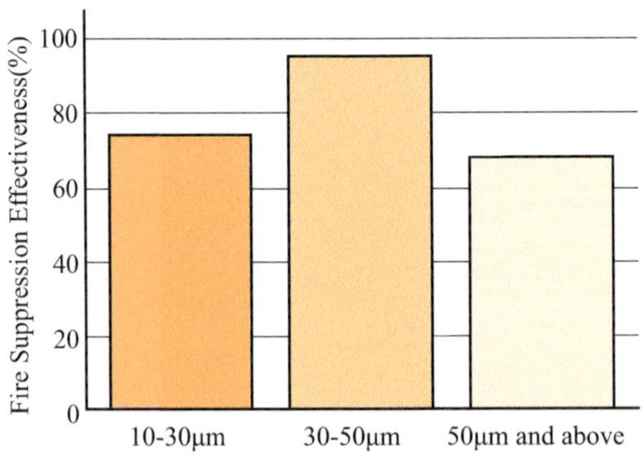

그림 8.2 분말 소화약제의 입자 크기에 따른 소화 효과 비교

1.7 장점과 한계점

1. 장점

- 빠른 소화 속도
- 다양한 화재 유형(A, B, C, D)에 적용 가능
- 사용이 간편하고 유지보수가 용이함

2. 한계점

- 분진이 많아 시야를 방해할 수 있음
- 밀폐된 공간에서 사용 시 공기 중 부유로 인해 호흡기 문제 유발 가능
- 일부 금속 화재(D형)에는 특정한 분말만 사용 가능

분말 소화약제는 물리적, 화학적 특성을 활용하여 다양한 유형의 화재를 효과적으로 진압할 수 있다. 하지만 사용 환경과 화재 유형을 고려하여 적절한 소화약제를 선택하는 것이 중요하다.

2 분말 소화 메커니즘

분말 소화약제는 다양한 화재에서 효과적으로 사용되며, 그 소화 메커니즘은 물리적·화학적 특성을 기반으로 한다. 특히 분말 소화약제는 연소 과정에서의 화학적 억제 작용, 냉각 효과, 기계적 차단 효과를 통해 화염을 억제하며, 일부 경우에는 복합적인 작용이 동시에 이루어진다.
화재의 유형에 따라 소화 메커니즘의 중요성이 다르게 나타나며, 분말 소화약제의 선택 기준에도 영향을 미친다. 일반적으로 B형 화재(유류 화재)와 C형 화재(전기화재)에서는 화학적 억제 작용이 가장 중요한 역할을 하며, A형 화재(일반 가연물 화재)에서는 냉각 효과가, D형 화재(금속 화재)에서는 기계적 차단 효과가 더욱 강조된다.

2.1 화학적 억제 작용

1. 활성 라디칼 제거

연소 과정은 자유 라디칼(H·, OH·, O·)이 연쇄적으로 반응하는 연쇄 반

응(chain reaction)을 통해 지속된다. 분말 소화약제는 이러한 자유 라디칼을 제거하거나 안정화하여 연소 반응을 중단시키는 역할을 한다.

- 탄산수소나트륨($NaHCO_3$)은 고온에서 분해되며 CO_2를 방출하여 불활성 환경을 조성하고, Na_2CO_3(탄산나트륨)를 남겨 활성 라디칼을 제거한다.
- 인산암모늄($NH_4H_2PO_4$)은 고온에서 분해되면서 생성된 인산염이 연소 표면에 달라붙어 라디칼을 흡착하고 연소 반응을 억제한다.
- 칼륨염($KHCO_3$, K_2CO_3) 기반 소화약제는 라디칼과의 반응성이 높아 특히 전기 화재(C형 화재)에서 효과적이다.

2. 분해 생성물의 소화 기여

분말 소화약제는 고온에서 분해될 때 생성되는 물질이 연소 억제에 기여한다.

- $NaHCO_3 \rightarrow Na_2CO_3 + CO_2 + H_2O$: 발생한 CO_2는 산소 농도를 낮추고, H_2O는 냉각 효과를 제공한다.
- $KHCO_3 \rightarrow K_2CO_3 + CO_2 + H_2O$: K_2CO_3는 라디칼을 더욱 효과적으로 제거하는 특징이 있다.
- $NH_4H_2PO_4 \rightarrow NH_3 + H_3PO_4$: 생성된 H_3PO_4(인산)은 연소 표면에 막을 형성하며, 추가적으로 연소를 차단하는 역할을 한다.

이러한 분해 생성물은 단순한 화학적 억제 역할뿐만 아니라 냉각 효과 및 기계적 차단 효과와도 연관될 수 있다.

3. 화재 유형별 효과적인 억제 방식

분말 소화약제는 화재 유형에 따라 서로 다른 화학적 억제 효과를 발휘한다.

- B형 화재(유류 화재): 화염 내 라디칼 제거 효과가 중요하며, $NaHCO_3$ 및 $KHCO_3$ 기반 소화약제가 효과적이다.
- C형 화재(전기화재): 전기 전도성을 고려하여, 미세한 분말이 라디칼 제거와 함께 절연 효과를 제공해야 한다.
- D형 화재(금속 화재): 일반적인 분말이 아닌 특정 금속 산화물이나 $NaCl$, Na_2CO_3 기반의 분말이 필요하다.

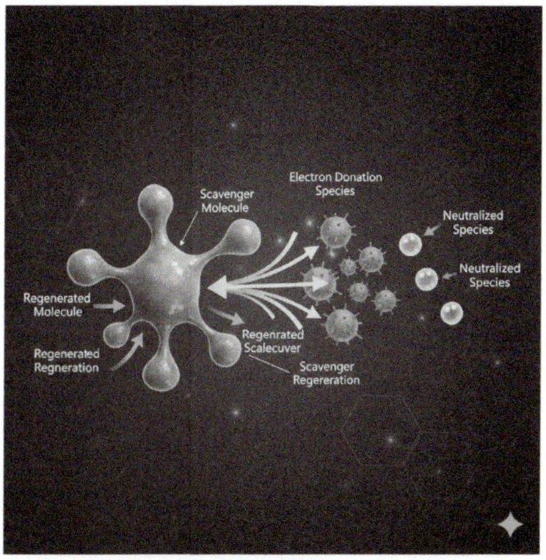

그림 8.3 활성 라디칼 제거 메커니즘

2.2 냉각 효과

1. 분말 소화약제의 흡열 반응

냉각 효과는 분말 소화약제가 연소 과정에서 발생하는 열을 흡수하여 온도를 낮추는 방식으로 작용한다. 온도는 연소 반응의 중요한 요소 중 하나이므로, 연소 구역의 온도가 낮아지면 연소속도가 감소하거나 중단된다.

- 일부 분말 소화약제는 흡열 분해 반응을 통해 연소 구역의 온도를 낮춘다.
- 분말이 화염 속으로 들어가면서 물리적 차폐막을 형성하여 열 방출을 방해한다.
- 금속 화재의 경우, 특수 분말이 녹아 금속 표면을 덮으며 추가적인 열 차단 효과를 제공한다.

표 8.2 흡열 반응을 이용한 소화 원리 예시

소화약제	주요 성분	흡열 작용	적용 화재 유형
탄산수소나트륨	$NaHCO_3$	흡열 분해 및 CO_2 방출	B, C형
탄산수소칼륨	$KHCO_3$	높은 흡열 효과	B, C형
인산암모늄	$NH_4H_2PO_4$	인산염 보호막 형성 및 냉각	A, B, C형
염화나트륨	$NaCl$	용융 보호막 형성 및 냉각	D형
탄산나트륨	Na_2CO_3	용융 보호막 형성 및 흡열	D형

2. 금속 화재에서의 냉각 메커니즘

금속 화재(D형 화재)는 일반적인 분말 소화약제나 물을 사용하면 더 격렬한 반응이 발생할 수 있으므로, 염화나트륨(NaCl), 탄산나트륨(Na_2CO_3) 등과 같은 고온 안정성이 높은 분말이 사용된다.

- NaCl(염화나트륨)은 고온에서 녹아 보호막을 형성하여 금속 연료와 공기(산소)의 접촉을 차단한다.
- 탄산나트륨(Na_2CO_3)은 금속 표면을 덮으며 추가적인 열 차단 효과를 제공한다.

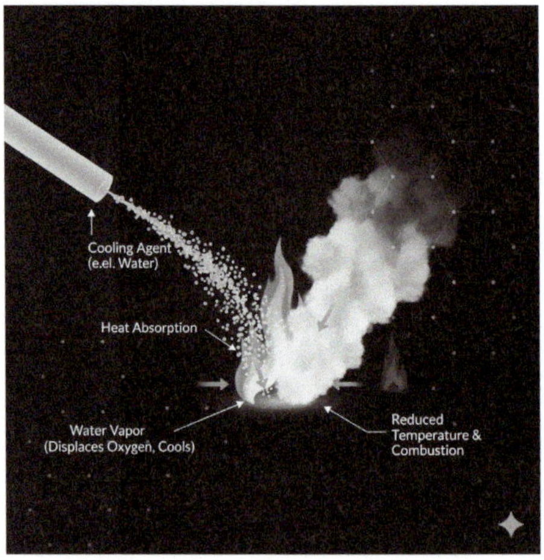

그림 8.4 냉각 효과를 통한 소화 과정

2.3 기계적 차단 효과

1. 연소 표면에서의 물리적 차단

분말 소화약제는 연소 표면을 덮어 산소 공급을 물리적으로 차단하는 역할을 한다. 이는 화재 유형에 따라 중요한 차이를 보이며, 특히 고체 가연물 및 금속 화재에서 그 효과가 두드러진다.

- NaCl과 Na_2CO_3는 용융 보호막을 형성하여 산소 공급을 차단한다.
- B형 화재(유류 화재)에서는 미세한 분말 입자가 연소 표면에 분산되면서 유류와 공기 사이의 경계를 흐리게 만들어 산소의 공급을 방해한다.

2. 보호막 형성과 지속성

일반적으로 기계적 차단 효과는 물리적 보호막이 유지되는 시간에 따라 효과가 달라진다. 보호막이 쉽게 깨질 경우, 소화 효과가 일시적일 수 있으므로, 분말 소화약제의 입자 크기 및 조성이 중요한 요소가 된다.

- 미세한 분말 입자는 공기 중에 쉽게 분산되어 단기간에 기계적 차단 효과를 발생시킨다.
- 고온에서 용융되는 분말은 보호막을 형성하여 장기적인 차단 효과를 제공한다.
- 유기 인산염을 포함한 분말은 연소 표면에서 보호막을 형성하는 동시에 화학적 억제 작용을 수행할 수 있다.

3. 기계적 차단 효과의 한계점

기계적 차단 효과는 즉각적으로 화염을 차단하는 데 효과적이지만, 다음과 같은 한계점이 존재한다.

- 강한 공기 흐름이 있는 경우, 보호막이 쉽게 분산될 수 있다.
- 고온 금속 화재에서는 일부 분말이 증발하여 효과가 감소할 가능성이 있다.
- B형 화재에서 기름층이 두꺼울 경우, 표면에만 보호막이 형성되면서 내부 연소가 지속될 가능성이 있다.

이러한 한계를 극복하기 위해 복합 소화 방식(화학적 억제 + 기계적 차단)을 병행하는 방법이 연구되고 있다.

표 8.3 주요 분말 소화약제의 기계적 차단 효과 비교

소화약제	주요 성분	보호막 형성	적용 화재 유형
탄산수소나트륨	$NaHCO_3$	가벼운 보호막 형성	B, C형
탄산수소칼륨	$KHCO_3$	빠른 산소 차단	B, C형
인산암모늄	$NH_4H_2PO_4$	인산염 보호막 형성	A, B, C형
염화나트륨	NaCl	용융 보호막 형성	D형
탄산나트륨	Na_2CO_3	용융 보호막 및 화학적 억제	D형

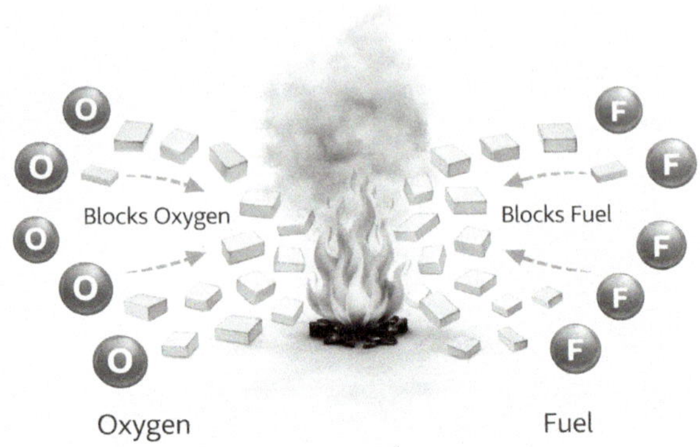

그림 8.5 기계적 차단 효과 개념도

3 분말 소화약제의 분류 및 적응 화재

분말 소화약제는 다양한 화재 유형에 적응할 수 있도록 성분과 특성이 다르게 제조된다. 화재의 종류에 따라 효과적으로 대응할 수 있도록 ABC형, BC형, D형 등의 분류로 나뉘며, 각 소화약제는 특정 화재에 대한 소화 메커니즘을 기반으로 선택된다.

3.1 ABC형 분말 소화약제

ABC형 분말 소화약제는 인산암모늄($(NH_4)H_2PO_4$)을 주성분으로 하며, A급(일반 화재), B급(유류 화재), C급(전기화재) 모두에 효과적이다. 이 소화약제는 화염의 연소 반응을 차단하는 방식으로 소화 작용을 수행하며, 주요 특징은 다음과 같다.

- A급 화재 대응: 연소 물질의 표면에 코팅을 형성하여 산소 공급을 차단하고 연소를 억제한다.
- B급 화재 대응: 액체 연료 표면에 층을 형성하여 화염의 확산을 방지한다.
- C급 화재 대응: 전기화재 시 비전도성 특성을 유지하여 전기적 위험 없이 소화가 가능하다.

ABC형 분말 소화약제는 공공장소, 가정, 산업시설 등에서 널리 사용되며, 다목적 소화 성능을 갖추고 있어 가장 보편적으로 사용되는 분말 소화약제이다.

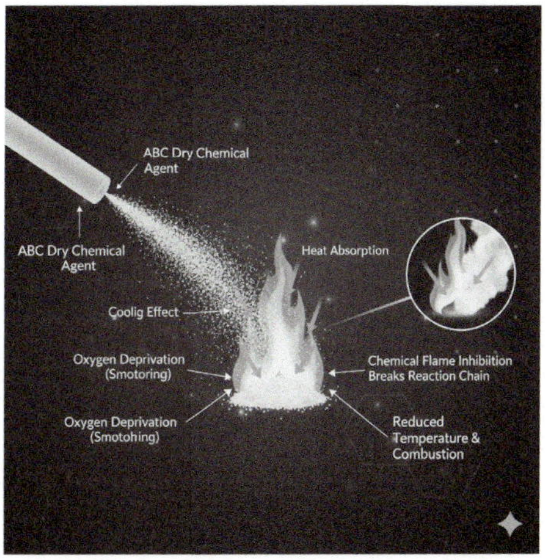

그림 8.6 ABC형 분말 소화약제의 소화 메커니즘

3.2 BC형 분말 소화약제

BC형 분말 소화약제는 탄산수소나트륨($NaHCO_3$) 또는 칼륨 중탄산염($KHCO_3$)을 주성분으로 하며, B급 및 C급 화재에 적합하다. A급 화재에는 효과가 제한적이며, 주요 특징은 다음과 같다.

- **B급 화재 대응**: 화염의 연소 반응에서 발생하는 자유 라디칼을 제거하여 연소를 억제한다.
- **C급 화재 대응**: 전기 전도성이 없어 전기 화재에서도 안전하게 사용 가능하다.

표 8.4 ABC형과 BC형 분말 소화약제의 비교

구분	주성분	적용 화재	소화 원리
ABC형	인산암모늄	A, B, C급	연소 물질 코팅 및 라디칼 제거
BC형	탄산수소나트륨, 칼륨 중탄산염	B, C급	라디칼 제거

BC형 분말 소화약제는 석유 화학 공장, 주유소, 변전소 등에서 유류 및 전기 화재 진압을 위해 주로 사용된다.

3.3 D형(금속화재용) 분말 소화약제

D형 분말 소화약제는 알루미늄, 마그네슘, 나트륨, 칼륨과 같은 특정 금속 화재에 대응하기 위해 설계된 소화약제이다. 금속 화재는 높은 연소 온도를 가지며 일반적인 소화약제로 진압이 어렵기 때문에, D형 분말 소화약제는 다음과 같은 작용을 통해 효과적인 소화를 수행한다.

- **흡열 반응**: 화재 발생 시 대량의 열을 흡수하여 연소 온도를 급격히 낮춘다.
- **불연성 보호층 형성**: 금속 표면에 비활성층을 형성하여 산소와의 접촉을 차단한다.
- **화학적 반응**: 특정 화합물이 생성되면서 연소 반응을 중단시킨다.

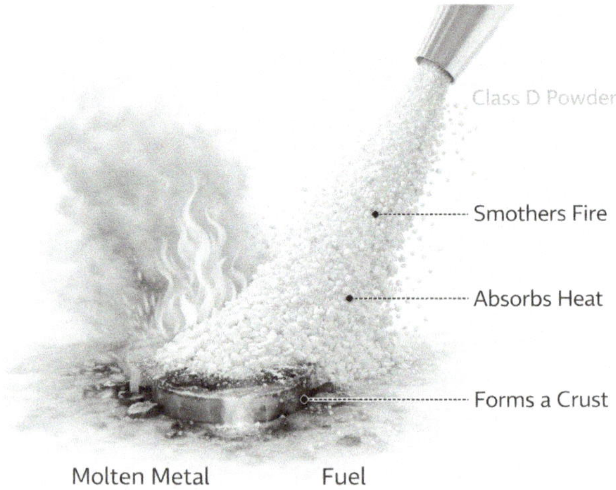

그림 8.7 D형 분말 소화약제의 작용 방식

D형 소화약제는 금속 가공 공장, 항공기 제작 시설, 연구소 등에서 사용되며, 사용 대상 금속에 따라 특정 성분이 포함된 제품이 선택된다.

3.4 분말 소화약제의 선택 기준

소화약제는 화재의 유형에 따라 선택해야 하며, 다음과 같은 기준이 적용된다.

- **화재 유형**: A급, B급, C급, D급 중 어느 유형의 화재인지 고려해야 한다.

- **소화 효과**: 신속한 소화가 가능한지 여부를 검토해야 하며, 소화 후 재발화 위험성이 없는지를 고려해야 한다.
- **잔여물 처리 용이성**: 소화 후 남는 잔여물이 장비나 환경에 미치는 영향을 평가하여, 손상이 적은 소화약제를 선택해야 한다.
- **전기 전도성 여부**: 전기 화재 발생 시 전도성이 없는 소화약제를 선택해야 감전 사고를 방지할 수 있다.
- **보관 및 유지보수**: 장기간 보관이 가능하며, 환경 변화에 안정적인 화합물을 포함하고 있는지 검토해야 한다.
- **사용 편의성**: 소화약제의 방출 방식이 신속하고 효과적인지를 고려해야 하며, 분사 후 확산 속도 및 제어 가능성을 평가해야 한다.
- **안전성**: 소화약제가 인체에 미치는 영향과 독성 여부를 검토해야 하며, 친환경적인 성분이 포함된 제품이 선호된다.
- **경제성**: 소화약제의 비용과 유지보수 비용을 고려하여 가장 효율적인 선택이 이루어져야 한다.

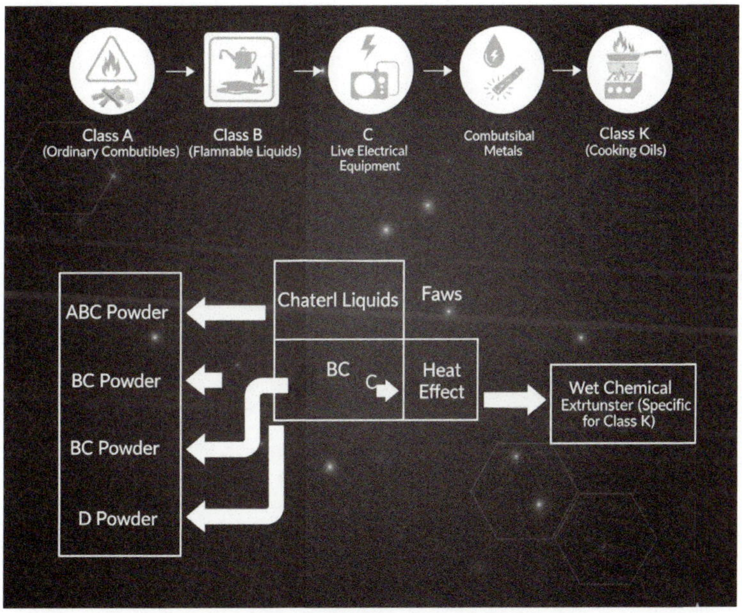

그림 8.8 화재 유형별 분말 소화약제 선택 기준

이와 같은 기준을 바탕으로 적절한 소화약제를 선택해야 하며, 올바른 사용법과 유지보수가 함께 이루어져야 효과적인 화재 대응이 가능하다.

4 저장 및 방출 방식

4.1 소화기 내 분말 저장 방식

분말 소화약제는 일반적으로 고정식 또는 이동식 소화기에 저장된다. 소화기의 저장 방식은 사용 목적과 화재 유형에 따라 결정되며, 각 방식은 특정한 장점을 가진다.

- **고정식**: 특정 구역을 보호하기 위해 설계된 시스템으로, 화재 감지 시 자동으로 방출된다. 일반적으로 대형 산업시설, 발전소 및 화학 공장에서 사용된다. 이러한 시스템은 사전 설계된 배관망을 통해 분말을 방출하며, 일정한 압력을 유지하기 위해 별도의 저장탱크와 압축가스를 포함할 수 있다.
- **이동식**: 휴대용 소화기로, 화재 발생 시 사용자가 직접 방출하는 방식이다. 소형 소화기에서 대형 이동식 소화기까지 다양한 크기로 제공되며, 가정, 사무실, 차량 및 공공장소에서 일반적으로 사용된다.

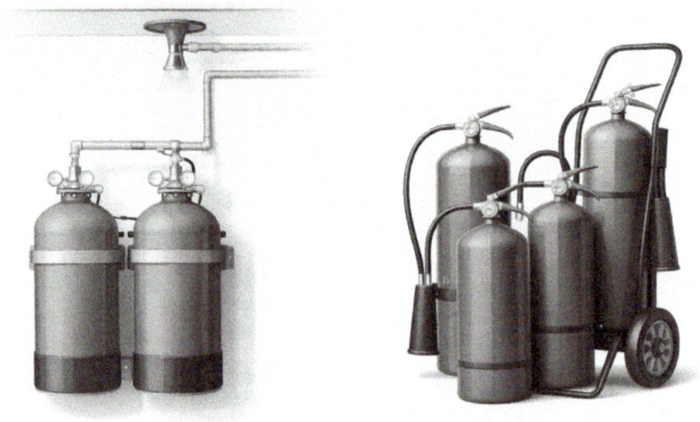

그림 8.9 소화기의 저장 방식 (고정식 및 이동식 비교)

고정식 소화 시스템은 특정 공간의 화재 위험도를 분석하여 설계되므로, 화재 감지 센서 및 자동 제어 장치를 포함하는 경우가 많다. 이 시스템은 분말 소화약제를 균일하게 방출하여 화재 진압 효과를 극대화할 수 있으며, 인력이 접근하기 어려운 지역에서도 효과적으로 사용할 수 있다. 반면, 이동식 소화기는 신속한 초기 대응에 적합하며, 사용자의 조작이 필요한 방식으로, 휴대성과 즉시성이 중요한 환경에서 주로 활용된다.

4.2 방출 방식의 차이점

소화기의 방출 방식은 소화약제를 화재 현장에 효과적으로 분사하기 위해 다양한 메커니즘을 이용한다. 방출 방식에 따라 소화 성능과 적용 범위가 달라진다.

표 8.5 방출 방식 비교

방출 방식	주요 특징	적용 사례
질소 가압식	압축 질소로 분말을 밀어냄, 균일한 방출 가능	휴대용 및 고정식 소화기
원심 분사식	회전력을 이용한 넓은 범위 방출	대형 시설, 공장, 창고

- **질소 가압식**: 분말 소화약제를 압축 질소로 밀어내어 방출하는 방식이다. 이 방식은 빠르고 균일한 약제 방출이 가능하며, 고정식 및 이동식 소화기에 모두 적용될 수 있다. 질소는 비활성 기체이므로 분말과 반응하지 않으며, 시스템 내부에서 일정한 압력을 유지할 수 있어 안정적인 방출이 가능하다.
- **원심 분사식**: 회전력을 이용하여 분말을 넓은 범위로 방출하는 방식이다. 특히 넓은 공간에서 균일한 소화 효과를 기대할 수 있으며, 공장 및 창고와 같은 대형 시설에서 유용하게 사용된다. 원심력을 이용해 분말을 퍼뜨리므로 방출 속도가 빠르고, 화재가 발생한 초기에 효과적으로 대응할 수 있다.

질소 가압식 방출 방식은 약제가 빠르고 효율적으로 화재 현장에 전달될 수 있도록 설계되어 있으며, 고압의 질소를 이용해 소화약제를 균일하게 분사하는 것이 특징이다. 이 방식은 소화 효과가 일정하게 유지되며, 잔여물이 적어 유지보수도 상대적으로 용이하다. 원심 분사식 방출 방식은 원심력을 활용하여 넓은 범위에 소화약제를 방출할 수 있어 공간이 넓은 환경에서 더욱 효과적이다.

또한, 최신 기술을 적용한 하이브리드 방출 시스템이 개발되고 있으며, 이는 질소 가압식과 원심 분사식을 결합하여 보다 효과적인 소화 성능을 제공한다. 이러한 시스템은 고정식 소화 설비에 주로 적용되며, 빠른 소화 작용과 균일한 약제 분포를 가능하게 한다.

소화 시스템의 성능을 극대화하기 위해서는 정기적인 유지보수와 테스트가 필수적이다. 특히 고정식 시스템의 경우 압력 상태 및 방출 경로를 점검하여 정상적으로 작동하는지 확인해야 한다. 이동식 소화기의 경우 사용자의 훈련이 필요하며, 올바른 사용법을 숙지해야 효과적인 소화가 가능하다. 소화약제의 적절한 관리와 저장 환경을 유지하는 것도 중요한 요소이다.

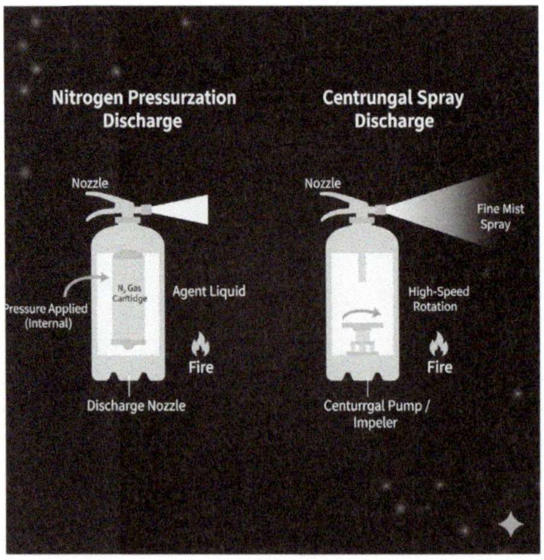

그림 8.10 질소 가압식과 원심 분사식 방출 방식의 비교

5 분말 소화약제의 유지·관리

5.1 분말 소화약제의 노화 및 성능 저하 방지 방법

분말 소화약제는 시간이 지남에 따라 성능이 저하될 수 있으며, 주요 원인은 흡습, 응집 및 화학적 분해이다. 이러한 성능 저하를 방지하기 위해 다음과 같은 관리 방법을 준수해야 한다.

1. 보관 환경 관리

- **온도 및 습도 조절**: 분말 소화약제는 습기에 매우 민감하므로, 상대 습도가 낮고 온도 변화가 적은 환경에서 보관해야 한다. 이상적인 보관 온도는 10~30°C이며, 습도는 50% 이하로 유지하는 것이 바람직하다.
- **밀폐 용기 사용**: 장기간 보관 시 분말이 외부 공기와 접촉하지 않도록 밀폐 용기에 보관해야 한다. 또한, 소화기의 밀봉 상태를 정기적으로 점검하여 공기 유입 여부를 확인해야 한다.
- **진동 및 충격 방지**: 과도한 진동이나 충격은 분말의 입자 크기를 변화시키고 응집을 유발할 수 있다. 따라서 운반 및 보관 시 충격 흡수 장치를 활용하는 것이 바람직하다.

2. 정기 점검 및 유지보수

- **주기적인 혼합**: 장기간 보관된 분말 소화약제는 응집될 가능성이 있으므로, 일정 주기마다 흔들어 주거나 혼합하여 균일한 상태를 유지해야 한다.
- **시험 분석 수행**: 일정 기간이 지난 소화약제는 물리·화학적 특성을 분석하여 성능 저하 여부를 평가해야 한다. 시험 항목으로는 입도 분포, 유동성, 흡습도 및 화학적 안정성이 포함된다.
- **노후화 약제 교체**: 일정 사용 연한이 지난 소화약제는 성능 저하 가능성이 높으므로, 제조업체의 권장 주기에 따라 교체해야 한다.

그림 8.11 분말 소화약제의 응집 및 흡습 현상 비교

5.2 소화기 정기 점검 및 유지보수 기준

소화기는 화재 발생 시 즉각적인 작동이 요구되는 장비이므로, 정기적인 점검 및 유지보수가 필수적이다. 소화기의 점검 기준은 다음과 같다.

1. 외관 검사

- **손상 여부 확인:** 소화기의 외부가 부식되거나 변형되지 않았는지 점검해야 한다.
- **표시 및 라벨 확인:** 사용 방법, 점검 일자 및 유효기간이 명확하게 표시되어 있는지 확인해야 한다.

2. 압력 점검

- **압력 게이지 확인:** 분말 소화기의 내부 압력이 적정 수준(제조업체 기준)인지 점검해야 한다. 압력이 부족할 경우 가압 장치를 점검하고 필요 시 충전해야 한다.
- **가스 누출 여부 점검:** 소화기의 밀폐 상태를 확인하고, 가스 누출 흔적이 있는지 검사해야 한다.

표 8.6 소화기 압력 점검 기준

항목	정상 범위	조치 사항
내부 압력	7~10 bar	정상
내부 압력	5~6 bar	보충 필요
내부 압력	4 bar 이하	교체 필요

3. 분말 응집 여부 검사

- **유동성 확인:** 소화기를 가볍게 흔들어 분말이 원활하게 흐르는지 점검해야 한다.
- **분말 상태 점검:** 분말이 딱딱하게 굳어 있거나 덩어리진 경우 즉시 교체해야 한다.
- **혼합 및 교체 주기 준수:** 분말 소화기의 내용물은 일정 주기로 교체하는 것이 바람직하다.

그림 8.12 정상적인 분말 소화약제와 응집된 분말 소화약제 비교

5.3 소화약제 성능 유지 관련 법규 및 기준

소화약제의 성능을 유지하기 위해 국내외에서 정한 법규 및 기준을 준수해야 한다.

1. 국내 기준

- **소방시설 설치 및 관리에 관한 법률**: 소화기 및 소화약제의 관리 기준을 규정하며, 주기적인 점검과 교체를 의무화한다. 소화약제의 성능을 일정 수준 이상 유지하도록 하기 위해, 특정 환경에서의 저장 기준과 사용 기간을 명확히 규정하고 있다.
- **한국산업표준(KS)**: 분말 소화약제의 품질 및 성능 시험 기준을 제공하며, 소화 성능, 내구성 및 안전성에 대한 시험 방법을 제시한다. 특히, KS 기준에서는 소화약제의 입도 분포, 유동성 및 응집 저항성을 검토하여 합격 여부를 판별한다.

2. 국제 기준

NFPA 10: 미국소방협회(NFPA)에서 제정한 휴대용 소화기의 유지보수 기준으로, 소화기의 점검 주기, 유지보수 방법 및 성능 시험 절차를 상세히 규정하고 있다. 또한, 특정한 환경 조건에서의 소화약제 보관 및 관리 지침을 제공한다.

- ISO 7202: 국제표준화기구(ISO)에서 제정한 분말 소화약제의 물리·화학적 특성 시험 방법으로, 소화약제의 유동성, 응집 방지 성능, 흡습도 및 화학적 안정성에 대한 시험 절차를 포함한다. 이는 각국의 소화약제 성능 검증 기준으로 활용된다.
- EN 615: 유럽표준(EN)에서 제정한 분말 소화약제 관련 기준으로, 환경 조건에 따른 성능 변화와 시험 방법을 포함한다. EN 615 기준은 특히 유럽 지역에서 사용되는 소화약제의 품질 보증을 위한 표준으로 활용된다.

그림 8.13 분말 소화약제 유지보수 절차 개요

연습문제

01 분말 소화약제의 소화 원리(화학적 억제, 냉각, 기계적 차단)를 설명하시오.

02 ABC형과 BC형 분말 소화약제의 차이점을 비교하시오.

03 금속 화재(D형)에서 분말 소화약제가 효과적인 이유를 논하시오.

04 분말 소화약제의 방출 방식(고정식, 이동식)의 차이를 설명하시오.

05 분말 소화약제의 주요 장점과 단점을 서술하시오.

06 분말 소화약제의 저장 시 유의해야 할 사항을 설명하시오.

참고문헌

- NFPA. (2021). Dry Chemical Fire Suppression Systems Handbook.
- 한국소방학회. (2020). 분말 소화약제의 화학적 특성 및 소화 효율 연구.
- SFPE. (2019). Fire Protection Engineering Principles.
- 김영수, 최재훈. (2018). '분말 소화약제의 연소 억제 메커니즘 연구'. 한국화재안전학회지, 33(2), 145-160.
- ISO 7202:2018. Fire Protection – Dry Chemical Extinguishing Systems.
- National Fire Protection Association (NFPA). (2017). Fire Protection Handbook (20th ed.).
- 박성환, 이민호. (2016). '전기화재에서 분말 소화약제의 효과 분석'. 소방기술연구소 보고서.
- European Fire Protection Association (EFPA). (2015). Chemical Fire Suppression: A Global Perspective.
- 조한수, 이강원. (2014). '금속 화재 대응을 위한 D형 분말 소화약제 연구'. 한국안전학회 논문집, 29(1), 80-95.
- UL 711: Standard for Rating and Fire Testing of Fire Extinguishers.

CHAPTER 09

특수 소화약제

학습목표

- 특수 소화약제의 개념과 필요성을 이해한다.
- 다양한 특수 소화약제의 특징과 소화 메커니즘을 설명할 수 있다.
- 특정 환경에서의 적절한 소화약제 적용 방안을 이해한다.

1 개요

1.1 특수 화재 소화약제란?

특수 화재 소화약제는 일반적인 물이나 기존 소화약제로 효과적으로 진압할 수 없는 화재를 진압하기 위해 개발된 소화약제를 의미한다. 주로 전기화재, 유류 화재, 금속 화재, 가스 화재 등과 같은 특수한 환경에서 발생하는 화재에 사용된다. 이러한 화재들은 전도성, 증발성, 반응성 등의 특성으로 인해 일반적인 소화약제로는 효과적인 진압이 어렵거나 위험할 수 있다.

1.2 특수 화재의 특성과 위험성

특수 화재는 일반 화재와 다른 특성을 가지며, 이에 맞는 소화약제가 필요하다.

- **전기화재**: 물을 사용할 경우 감전 위험이 있으며, 비전도성 소화약제가 필요하다.
- **유류 화재**: 기름과 같은 가연성 액체에서 발생하며, 물로 진압이 어려워 포 소화약제 사용이 일반적이다.
- **금속 화재**: 마그네슘, 알루미늄, 리튬 등의 금속이 연소하는 화재로, 물과 반응하여 폭발할 수 있어 특수 분말 소화약제가 필요하다.
- **가스 화재**: 가연성 가스가 누출되면서 발생하는 화재로, 산소 희석 및 냉각 효과가 있는 가스계 소화약제가 사용된다.

1.3 특수 화재 소화약제의 종류 및 원리

특수 화재 소화약제는 화재 유형에 따라 다양한 방식으로 작용한다.

1. 주요 소화 원리

- 냉각 작용: 연소 온도를 낮춰 화재 진압 (예: CO_2, 할론 대체제)
- 산소 차단: 연소에 필요한 산소 공급을 차단 (예: 포 소화약제, CO_2)
- 화학적 억제: 연소 반응을 방해하여 화재를 진압 (예: FK-5-1-12)
- 반응 차단: 금속 화재의 경우 표면을 덮어 산소와의 반응을 차단 (예: 특수 분말 소화약제)

2. 주요 소화약제 및 특성

표 9.1 주요 특수 화재 소화약제 및 특성

소화약제 종류	적용 화재 유형	소화 원리	특징
FK-5-1-12 (Novec 1230)	전기화재, 정밀기기	화학적 억제	비전도성, 환경친화적
포소화약제 (AFFF)	유류화재	산소 차단	표면장력 감소로 빠른 진압
분말 소화약제 (Class D)	금속화재	반응 차단	열 차단, 화학 반응 억제
이산화탄소 (CO_2)	전기 및 가연성 가스 화재	냉각, 산소 희석	비잔류성, 밀폐 공간 유용

1.4 특수 화재 소화약제의 발전과 미래 전망

특수 화재 소화약제는 환경 규제 강화와 기술 발전에 따라 지속해서 변화하고 있다.

1. 환경친화적 소화약제 개발

기존의 할론(Halon) 기반 소화약제는 오존층 파괴 및 지구온난화 문제로 인해 사용이 제한되면서, 친환경 대체 소화약제가 개발되고 있다.

2. 스마트 소화 시스템 도입

센서를 활용한 지능형 화재 감지 및 자동 소화 시스템이 개발되고 있으며, AI 기반의 화재 예측 및 자동 소화 기술이 도입될 전망이다.

3. 신소재 및 특수 환경 대응 소화약제 개발

리튬이온 배터리, 수소 연료전지 등 새로운 에너지원과 관련된 화재 대응 기술이 발전하고 있으며, 이에 적합한 새로운 소화약제 연구가 진행 중이다.

4. 글로벌 규제 및 표준화 강화

국제 화재 안전 기준이 더욱 엄격해짐에 따라, 다양한 국가에서 소화약제의 성능 평가 및 인증 기준이 강화될 것으로 예상된다.

그림 9.1 특수 화재 소화약제의 종류와 적용 분야

이처럼 특수 화재 소화약제는 기존 소화 기술의 한계를 극복하고 산업 발전에 따른 새로운 요구를 충족시키기 위해 지속해서 연구 및 개선되고 있다.

2 침윤 소화약제, 강화액 소화약제, 산·알칼리 소화약제

2.1 침윤 소화약제(Wetting Agent)

1. 작용 원리

- 물의 표면장력을 감소시켜 가연물에 대한 침투성을 증가시킴
- 연소의 지속을 방해하여 효과적인 소화가 가능함
- 계면활성제 첨가로 인해 물이 가연물 내부로 쉽게 스며듦

2. 주요 특징

- 물보다 높은 침투력을 보이며, 다공성 재료에 효과적
- 고형 화재에서 연소 속도를 감소시키는 역할 수행
- 물과 비교해 적은 양으로도 넓은 범위에 적용 가능

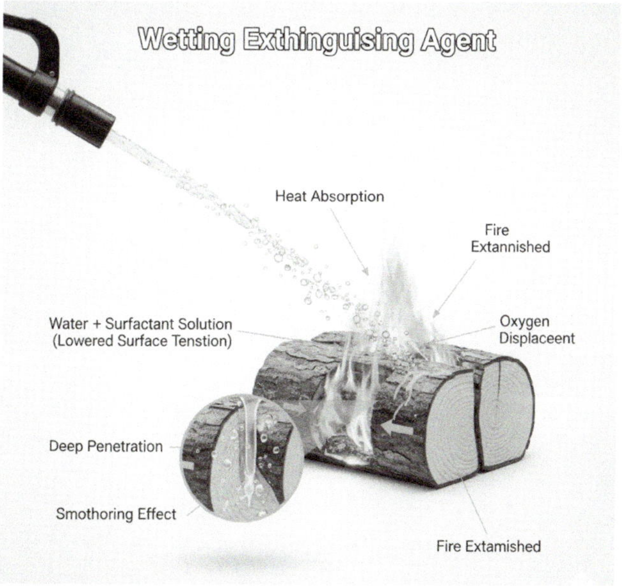

그림 9.2 침윤 소화약제의 작용 원리

3. 적용 대상

- 종이, 목재, 섬유류 등 다공성 재료 화재에 적합
- 건물 내 가연성 구조물 및 창고 화재에 효과적
- 삼림 화재 진압에도 활용 가능

4. 관련 기술

- 계면활성제 사용으로 물의 확산성과 침투성을 향상
- 물의 증발을 늦추어 지속적인 냉각 효과 제공
- 첨가제의 조성을 최적화하여 친환경적 소화제 개발 가능

2.2 강화액 소화약제(AFFF, FFFP)

1. 작용 원리

- 연료 표면 위에 얇은 필름을 형성하여 산소 공급을 차단
- 필름층이 증발을 억제하여 화염이 지속되는 것을 방지
- 불소계 계면활성제 활용으로 유류 표면 위에서 빠르게 퍼짐

2. 주요 특징

- 유류 화재 및 극성 액체 화재에 매우 효과적
- 신속한 화재 진압이 가능하며, 재발화 위험을 감소시킴
- 소량으로도 넓은 면적을 커버할 수 있어 경제적

3. 적용 대상

- 항공기 연료 화재, 선박 및 항구의 유류 화재
- 화학 공장, 정유 공장 등의 극성 액체 화재
- 주유소, 유류 저장 시설 등에서 사용 가능

4. 관련 기술

- AFFF(수성막포 소화약제): 수용성 필름 형성으로 신속한 소화 효과
- FFFP(불화단백포 소화약제): 단백질 거품과 불소 화합물을 결합하여 소화력 강화
- 친환경적인 불소 대체 기술 연구 중

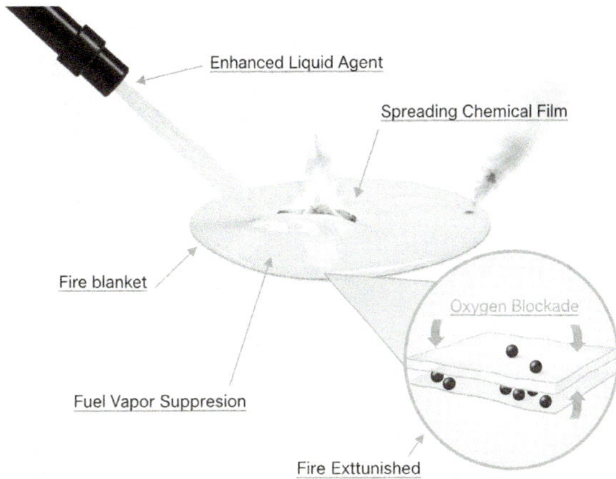

그림 9.3 강화액 소화약제의 필름 형성 과정

표 9.2 강화액 소화약제의 비교

구분	AFFF	FFFP
주성분	불소계 계면활성제	불소계 + 단백질 거품
주요 용도	일반 유류 화재	극성 액체 화재
장점	신속한 필름 형성	지속적인 냉각 효과
단점	친환경성 문제	저장 안정성 필요

2.3 산·알칼리 소화약제

1. 작용 원리

- 화학 반응을 이용하여 연소를 억제
- 특정 물질과 반응하여 불활성기체를 방출하거나 산화 반응을 억제
- 중화 반응을 통해 화학적으로 위험한 물질을 제어

2. 주요 특징

- 강산 또는 강알칼리 환경에서도 안정적인 소화 가능
- 특정 화재 유형(예 금속 화재, 화학물질 화재)에 적합
- 일반적인 소화제와 혼합하여 다목적 사용 가능

3. 적용 대상

- 강산 또는 강알칼리 환경에서 발생하는 화재

- 실험실, 화학 공장, 배터리 저장소 등의 특수 화재
- 특정 금속(예 나트륨, 마그네슘)의 연소 억제

4. 관련 기술

- 이산화탄소 또는 질소 방출을 통해 산소 농도 감소
- 중화 반응을 통해 부식성 물질과 반응하여 안정화
- 나노기술을 이용한 고성능 산·알칼리 소화제 개발 연구

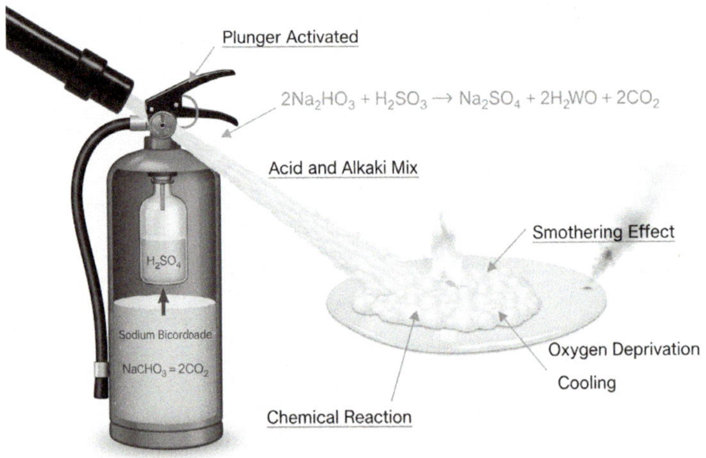

그림 9.4 산·알칼리 소화약제의 화학 반응 원리

3 에어로졸 소화약제

3.1 에어로졸 소화 메커니즘

에어로졸 소화약제는 초미립자 화학제를 방출하여 연소 반응을 차단하는 방식으로 작용한다. 이는 기존의 가스형 소화약제와는 달리 기체가 아닌 초미립자로 연소 물질과 반응하여 소화 효과를 극대화하는 것이 특징이다.

1. 작용 원리

- 에어로졸 소화약제는 고온에서 화학적으로 분해되어 활성 물질을 방출하며, 이 활성 물질이 연소 반응 중의 자유 라디칼과 결합하여 연쇄

반응을 차단한다.

- 화재 발생 시 방출된 초미립자는 연소 과정에서 방출되는 열을 흡수하여 온도를 낮추고, 연소를 지속시키는 주요 인자인 활성 산소 라디칼(OH, O 등)과 반응하여 연소 반응을 중단시킨다.
- 에어로졸 입자는 연소 환경에서 부유하며 연소 영역 전체에 분포되므로 효율적인 소화가 가능하다.

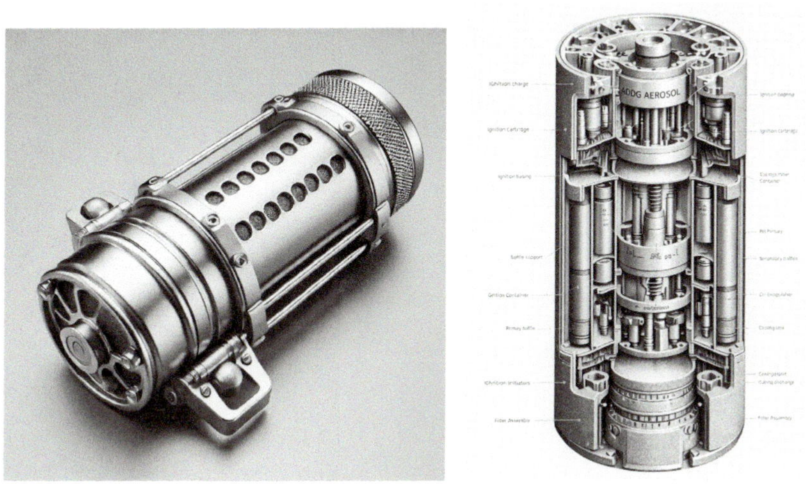

그림 9.5 고체 에어로졸 소화약제의 외형 및 내부 구조

2. 주요 특징

- 기체 형태가 아닌 초미립자로 구성되어 있기 때문에 압력 용기가 필요하지 않으며 저장과 운반이 용이하다.
- 소화 작용 후에도 액체나 잔여물이 남지 않아 전자 장비 및 정밀 기기에 적합하다.
- 화재 초기 단계에서 신속하게 반응하여 효과적인 소화가 가능하다.
- 소화 후 잔여물이 적어 2차 피해를 최소화할 수 있다.
- 환경친화적이며 오존층 파괴 지수가 0이고 지구온난화 지수가 낮아 친환경적 대안으로 각광받고 있다.

3. 적용 대상

- 전자 장비, 밀폐 공간, 전기 화재 등 가연성 액체 및 가스 화재의 제어

가 중요한 환경에 적합하다.

- 무인설비, 통신 장비실, 항공기 및 선박의 화재 예방에 효과적이다.

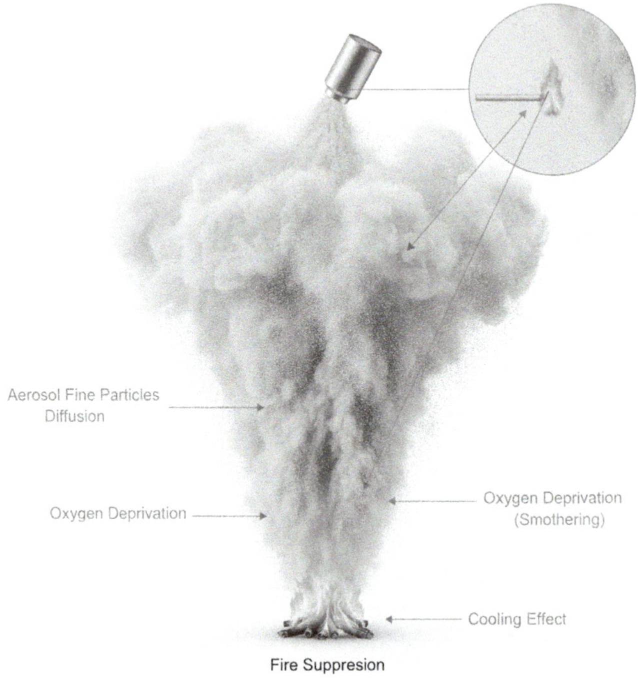

그림 9.6 에어로졸 소화약제의 미립자 확산

3.2 고체 에어로졸 소화 시스템과 적용 사례

고체 에어로졸 소화 시스템은 압축된 화합물이 화재 발생 시 화학적으로 방출되어 소화 작용을 수행하는 방식이다. 이 시스템은 산소 농도를 감소시키지 않으며, 화재 시 즉각적으로 소화제가 방출되어 연소 반응을 억제한다.

1. 작용 원리

- 고체 에어로졸 소화제는 금속 산화물을 포함한 고체 화합물을 고온에서 분해하여 활성 소화 입자를 생성한다.
- 생성된 입자는 연소 영역에 확산하면서 연소 과정의 자유 라디칼과 반응하여 소화 작용을 수행한다.
- 연소 과정에서 방출되는 에너지를 흡수하고, 화학적 반응을 통해 불꽃을 제거한다.

2. 주요 특징

- 저장이 용이하고 별도의 가압 시스템이 필요하지 않음
- 높은 화재 억제 효율을 보이며, 소화 후 잔류물이 거의 없어 2차 피해 방지
- 산소 농도를 감소시키지 않아 밀폐된 공간에서도 안전하게 사용 가능
- 전자 기기 및 데이터 저장 시설과 같이 습기나 부식으로 인한 피해가 우려되는 환경에서도 효과적

3. 적용 대상

- **서버실**: 정밀 전자 장비 보호를 위한 이상적인 소화 방식
- **변전실**: 전력 공급의 연속성을 유지하기 위해 필수적인 소화 시스템
- **박물관 및 도서관**: 귀중한 유물을 보호하며, 소화 후 잔여물로 인한 피해를 방지
- **산업시설 및 방폭 구역**: 가연성 가스 및 액체를 취급하는 환경에서 효과적인 화재 예방 수단으로 활용됨

3.3 고체 에어로졸 소화약제의 종류 및 특성

1. 금속 산화물 기반

- **주요 구성 요소**: 칼륨, 나트륨, 마그네슘 등의 금속 산화물
- 열 분해 반응을 통해 활성 라디칼을 생성하여 연소 반응을 억제함
- 빠른 반응 속도와 강력한 소화 효과를 제공하며, 산업 시설에 적합함

2. 유기 화합물 기반

- **주요 구성 요소**: 탄소 및 질소 화합물
- 분해 시 질소 가스를 방출하여 산소 농도를 희석시키며 소화 작용을 수행함
- 질소 기체의 방출과 함께 연소 환경을 중화시키는 화학 반응을 유도하여 친환경적임

3. 복합 혼합형

- 금속 산화물과 유기 화합물을 혼합하여 다양한 환경에서 사용 가능하도록 개발됨
- 산화-환원 반응을 통해 다각적인 소화 효과를 발휘하며, 고온에서도 안정적인 성능을 유지함
- 항공, 해양, 방폭 환경 등 특수 산업 분야에서 효과적으로 활용됨

4. 촉매 기반 에어로졸

- 특정 촉매를 추가하여 화학 반응 속도를 증가시키고, 소화 효과를 향상시킴
- 기존 에어로졸 대비 낮은 농도로도 강력한 소화 성능을 제공함
- 전자 장비와 데이터 센터 등 민감한 환경에서도 안전하게 사용 가능함

3.4 고체 에어로졸 소화약제의 현황 및 향후 전망

1. 현황

- 기존의 가스 소화 시스템과 비교하여 설치가 용이하고 유지보수가 간편하여 산업 현장에서 수요 증가
- 친환경 법규 강화에 따라 기존 소화약제를 대체하는 연구가 활발하게 진행 중
- 밀폐 공간과 전자 장비 보호를 위한 최적의 소화 방식으로 자리 잡아가고 있음

2. 향후 전망

- 소화 성능과 환경 영향을 개선하기 위한 신소재 개발이 지속될 것으로 예상됨
- 무인화 및 스마트 소화 시스템과 결합하여 자동 제어 기능이 강화될 전망
- 항공, 해양, 군사 산업을 비롯한 다양한 분야에서 활용도가 더욱 확대될 것으로 예상됨

그림 9.7 고체 에어로졸 소화약제의 적용 분야

표 9.3 에어로졸 소화약제와 기존 소화 시스템 비교

구분	에어로졸 소화약제	가스 소화약제	분말 소화약제
소화 방식	화학 반응을 통한 자유 라디칼 억제	산소 농도 감소	물리적 방해 및 열 흡수
적용 대상	전자 장비, 밀폐 공간	대형 시설, 서버실	일반 화재
환경 영향	오존층 파괴 없음, 지구온난화 지수 낮음	일부 오존층 영향 가능	환경 영향 미미
잔류물	거의 없음	없음	비교적 많음

에어로졸 소화약제는 기존의 가스형 또는 분말형 소화약제와 차별화된 특징을 지니며, 특히 전자 장비 보호 및 밀폐 공간에서의 사용이 용이하다. 높은 소화 효율과 친환경적 특성을 고려할 때, 앞으로 더욱 다양한 분야에서 활용될 것으로 기대된다.

4 미분무수 및 액체·분무형 소화약제

4.1 미분무수 시스템의 원리 및 특징

1. 작용 원리

미분무수(Mist Water) 시스템은 초미세 입자로 물을 분사하여 화재를 진압하는 방식이다. 기본적인 작용 원리는 다음과 같다.

- **열 흡수 효과**: 미세한 물 입자가 화염과 접촉하면 빠르게 기화하면서 다량의 열을 흡수하여 온도를 낮춘다.

- **산소 차단 효과**: 기화된 수증기가 공기 중 산소와의 접촉을 차단하여 연소 반응을 저해한다.
- **냉각 및 복사열 차단**: 미분무수가 화재 주변 환경을 냉각시키며, 복사열을 흡수하여 화재 확산을 방지한다.

또한, 미분무수 시스템은 물 입자의 크기에 따라 세 가지 유형으로 구분될 수 있다.

- **고압 미분무수**: 100μm 이하의 초미세 입자를 생성하여 소화 효과가 뛰어나며, 일반적으로 전기 화재 및 산업 설비 보호에 사용된다.
- **중압 미분무수**: 입자 크기가 100~300μm 범위로 유지되며, 복합적인 화재 환경에서 사용된다.
- **저압 미분무수**: 300μm 이상의 입자를 분사하며, 일반적인 건축물 및 창고 화재 진압에 적합하다.

2. 주요 특징

미분무수 시스템은 전통적인 물 소화 시스템과 비교하여 다음과 같은 장점을 가진다.

- **적은 양의 물로 높은 소화 효과**: 물의 입자가 미세할수록 표면적이 증가하여 동일한 양의 물로도 효율적인 소화 효과를 기대할 수 있다.
- **전기화재에도 사용 가능**: 전도성이 낮아 전기 화재 진압에도 적합하다.
- **수손 피해 감소**: 물 사용량이 적어 화재 이후 건물 및 설비의 피해를 최소화할 수 있다.
- **환경친화적**: 화학 소화약제에 비해 잔류물이 없으며, 환경 오염 가능성이 적다.
- **소방 설비의 유지보수 용이**: 전통적인 스프링클러 시스템보다 유지보수가 간편하고, 부식 문제를 줄일 수 있다.

하지만 미분무수 시스템에도 몇 가지 단점이 존재한다.

- **설치 비용이 높음**: 고압 미분무수 시스템의 경우 설비 구축 비용이 상대적으로 높다.
- **일부 화재 유형에 대한 한계**: 유류 화재와 같은 특정 화재 유형에서는 효과가 다소 제한적일 수 있다.

- **기류 환경에 민감**: 바람이 강한 환경에서는 미세한 물 입자가 소화 공간에 도달하기 어려울 수 있다.

3. 적용 대상

미분무수 시스템은 특히 다음과 같은 장소에서 활용된다.

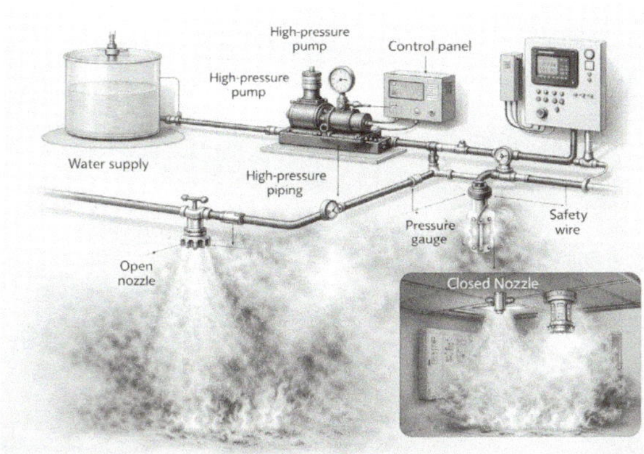

그림 9.8 미분무수 소화 시스템의 구조

그림 9.9 미분무수 소화 시스템 적용 사례

- **발전소**: 전기 설비 보호를 위한 소화 시스템으로 적합하다.
- **병원 및 연구실**: 민감한 의료 기기 및 실험 장비 보호에 유리하다.
- **대형 건축물 및 문화재**: 화재 발생 시 최소한의 피해로 진압할 수 있도록 설계된다.
- **선박 및 해양 플랫폼**: 밀폐된 공간에서의 화재 진압을 위해 효과적이다.
- **공항 및 항공기 격납고**: 항공기 엔진 및 연료 탱크 화재 대응에 유용하다.
- **지하 시설 및 터널**: 화재 확산이 빠르고 피난이 어려운 공간에서의 효과적인 진압 가능

4.2 액체 및 분무형 소화약제의 장점과 단점

1. 액체 및 분무형 소화약제의 개요

액체 및 분무형 소화약제는 특정 환경에서 효과적인 화재 진압을 위해 사용되며, 주로 유류 화재 및 전기화재에 적합한 특성을 지닌다. 이러한 소화약제는 미세한 액체 입자로 분사되며, 연소 과정에 개입하여 화재

를 진압한다.

액체 소화약제의 주요 유형은 다음과 같다.

- **포 소화약제(AFFF, AR-AFFF)**: 유류 화재 진압에 탁월하며, 표면을 덮어 산소 공급을 차단한다.
- **유화 소화약제**: 특정 화재에서 연료와 결합하여 연소를 억제하는 특성을 갖는다.
- **불소계 소화약제**: 전자 장비 및 항공기 화재에 효과적이다.
- **친환경 생분해성 소화약제**: 환경 보호를 고려한 화학적 성분이 포함됨

2. 장점

액체 및 분무형 소화약제는 다음과 같은 장점을 갖는다.

- **복잡한 구조에서도 효과적**: 연료 탱크, 전기 패널 등 복잡한 구조의 설비에도 적용 가능하다.
- **연소 억제 효과 우수**: 산소 차단 및 냉각 작용이 뛰어나 화재 진압 속도가 빠르다.
- **다양한 화재 유형 대응 가능**: 가연성 액체 화재(Class B) 및 전기화재(Class C)에도 사용될 수 있다.
- **기체형 소화약제와 혼합 사용 가능**: 하론 대체 소화약제와 함께 사용 시 소화 효과 극대화

3. 단점

그러나 일부 환경에서는 다음과 같은 단점이 발생할 수 있다.

- **잔류 문제**: 특정 소화약제는 화재 진압 후에도 잔여물이 남아 설비에 영향을 미칠 수 있다.
- **인체 및 환경에 대한 영향**: 일부 화학 약제는 인체에 유해할 수 있으며, 장기적인 환경 오염 가능성이 있다.
- **특정 환경에서의 효과 제한**: 고온 환경에서는 분무된 액체가 빠르게 증발하여 소화 효과가 감소할 수 있다.
- **보관 및 유지보수 비용 발생**: 특정 소화약제는 저장 조건이 까다로울 수 있음

표 9.4 추가된 소화약제 비교

소화약제 유형	주요 특징	적용 대상
친환경 생분해성 소화약제	환경 친화적, 잔여물 최소화	실내 화재, 산업 시설
기체형 소화약제	전자 장비 보호, 산소 제거 효과	데이터 센터, 통신 시설

이처럼 미분무수와 액체·분무형 소화약제는 각기 다른 특성과 장점을 갖고 있으며, 화재 유형과 환경에 맞추어 적절히 선택하여 적용해야 한다.

그림 9.10 액체 및 분무형 소화약제의 적용 사례

5 금속화재·전기화재 대응 특수 소화약제

5.1 금속화재 전용 소화약제(D형)

1. 개요

금속 화재는 일반적인 소화약제로 진압하기 어렵고, 오히려 물이나 CO_2 소화약제와 반응하여 폭발적 연소를 일으킬 가능성이 있다. 이러한 특성을 고려하여 금속 화재 전용 소화약제(D형)가 개발되었으며, 이는 특정 금속과 반응하여 불활성 보호층을 형성함으로써 연소를 억제하는 원리로 작동한다.

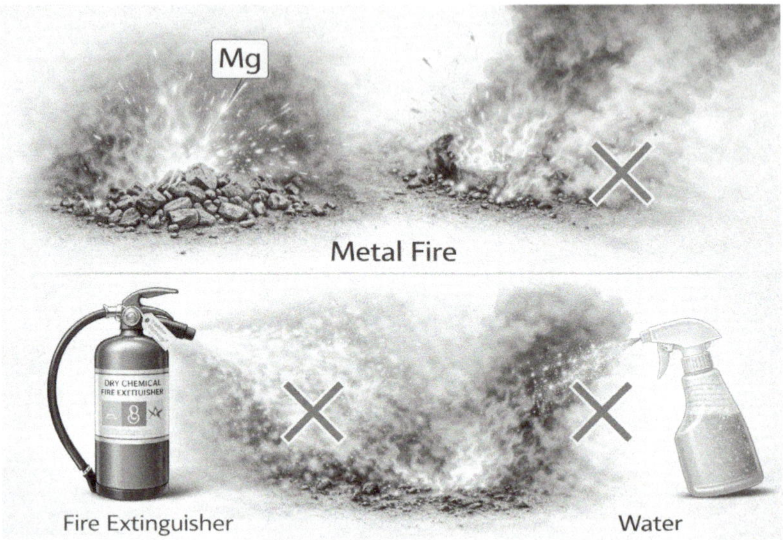

그림 9.11 금속 화재 발생 과정과 기존 소화약제의 문제점

- **금속 화재의 특성**: 고온에서 연소하며 일반적인 소화 방법이 효과적이지 않음
- **기존 소화약제의 한계**: 물, CO_2 등의 일반 소화약제는 오히려 위험을 증가시킬 가능성이 있음
- **D형 소화약제의 필요성**: 금속 화재의 특성에 맞춰 특수 소화약제가 필요함

2. 작용 원리

D형 소화약제는 연소하는 금속 표면에 적용되었을 때 다음과 같은 방식으로 작용한다.

- **불활성 보호층 형성**: 소화약제가 고온의 금속 표면에서 반응하여 비휘발성의 보호막을 형성하여 산소와의 접촉을 차단한다.
- **열 흡수 효과**: 소화 과정에서 열을 흡수하여 연소 온도를 낮추고 화염을 안정화한다.
- **화학적 억제 효과**: 일부 소화약제는 금속과 반응하여 연소 속도를 감소시키는 화학적 억제 작용을 한다.

그림 9.12 D형 소화약제의 금속 화재 진압 방식

3. 주요 특징

D형 소화약제는 다음과 같은 특성을 가진다.

- **특정 금속 화재 전용**: 일반적인 A, B, C급 화재용 소화약제와 달리 금속 화재에 특화된 성능을 가진다.
- **물과 반응하지 않음**: 물과 반응할 경우, 더 큰 위험을 초래하는 금속 화재를 효과적으로 진압할 수 있다.
- **다양한 형태로 제공**: 분말, 팽창성 고체, 젤 형태 등 다양한 형태로 제공되어 화재 유형에 따라 적절한 방식으로 사용 가능하다.

그림 9.13 다양한 형태의 D형 소화약제

4. 적용 대상

D형 소화약제는 다음과 같은 금속 화재에 사용된다.

- **마그네슘(Mg) 화재**: 항공기 부품, 자동차 부품 등에 사용되는 마그네슘 화재 대응
- **알루미늄(Al) 화재**: 산업용 장비 및 제조 공정에서 발생하는 알루미늄 화재 진압
- **나트륨(Na) 화재**: 화학 공정 및 실험실에서 발생할 수 있는 나트륨 화재 대응

표 9.5 주요 금속 화재와 D형 소화약제의 반응성

금속 종류	발화 가능 온도 (°C)	D형 소화약제 적용성
마그네슘	650	우수
알루미늄	660	우수
나트륨	882	적절
티타늄	1668	제한적 적용

5.2 전기화재 대응 소화약제

1. 개요

그림 9.14 전기화재 발생 및 감전 위험

전기화재는 감전 위험성과 전자 장비 손상의 가능성 때문에 일반적인 소화약제의 사용이 어렵다. 특히 물이나 전도성이 높은 소화약제는 전기 시스템을 손상시키거나 감전 사고를 유발할 수 있다. 따라서 전기화재에 대응하는 특수 소화약제가 필요하며, 이는 전기 절연성을 유지하면서도 소화 효과를 제공하도록 설계되었다.

- **전기화재의 특성**: 감전 위험과 전자 장비 손상 가능성이 큼
- **기존 소화약제의 문제점**: 물과 같은 전도성 소화약제는 감전 위험을 증가시킬 수 있음

- **전기화재 전용 소화약제의 필요성**: 안전한 소화를 위해 전기 절연성과 효과적인 진압이 가능한 소화약제가 요구됨

2. 작용 원리

전기화재 대응 소화약제는 다음과 같은 방식으로 작용한다.

- **전기 절연 효과**: 소화약제가 전기 전도를 방지하여 감전 위험을 최소화한다.
- **냉각 작용**: 소화약제가 열을 흡수하여 발화 지점을 냉각시키고 연소를 억제한다.
- **화학적 소화 메커니즘**: 전자 장비 내부에서 화재가 확산되지 않도록 특정 화학물질이 연소를 억제한다.

그림 9.15 전기화재 대응 소화약제의 소화 원리

3. 주요 특징

전기화재 대응 소화약제는 다음과 같은 특성을 가진다.

- **전기 절연성 유지**: 고전압 환경에서도 안전하게 사용할 수 있도록 설계됨
- **잔여물 최소화**: 전자 장비 손상을 방지하기 위해 최소한의 잔여물을 남기는 방식으로 적용됨
- **다양한 유형 제공**: 가스형, 분말형, 액체형 등 다양한 방식으로 사용 가능함

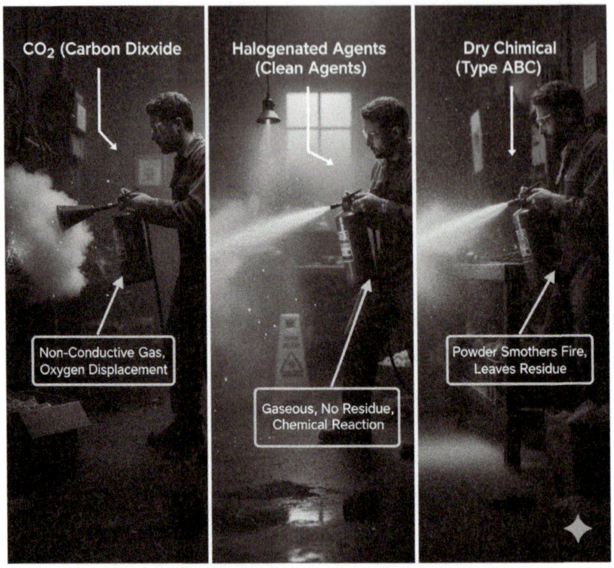

그림 9.16 전기화재 대응 소화약제의 유형별 특징

4. 적용 대상

전기화재 대응 소화약제는 다음과 같은 경우에 사용된다.

- **전기 설비 화재**: 변압기, 배전반, 고전압 전력 시스템
- **통신 장비 화재**: 데이터 센터, 네트워크 장비, 서버 룸
- **전자 장비 화재**: 의료 기기, 연구실 실험 장비, 항공기 전자 시스템

전기화재 대응 소화약제는 감전 위험을 방지하면서도 전자 장비의 손상을 최소화해야 한다. 이에 따라 다양한 유형의 소화약제가 개발되었으며, 각 환경에 맞게 적절히 선택하여 적용하는 것이 중요하다.

표 9.6 전기화재 대응 소화약제의 유형과 특성

소화약제 유형	전기 절연성	적용 대상	잔여물 여부
이산화탄소(CO_2)	우수	변압기, 서버실	없음
할론 대체 물질	우수	항공기, 의료기기	거의 없음
건식 화학 분말	보통	전기 설비, 통신 장비	일부 존재
불활성기체	매우 우수	고가 전자 장비	없음

연습문제

01 침윤 소화약제와 강화액 소화약제의 차이점을 설명하시오.

02 에어로졸 소화약제의 소화 메커니즘을 설명하시오.

03 미분무수 소화약제의 주요 특징과 장점을 논하시오.

04 금속 화재 전용 소화약제(D형)의 필요성을 설명하시오.

05 전기화재에서의 소화약제 선택 기준을 설명하시오.

06 특수 소화약제의 환경적 영향을 분석하시오.

07 특수 소화약제의 주요 적용 사례를 설명하시오.

08 향후 특수 소화약제의 발전 가능성을 논하시오.

참고문헌

- NFPA. (2021). Specialized Fire Suppression Systems.
- 한국소방기술원(KFI). (2021). 특수 소화약제 성능 연구 보고서.
- UL. (2020). Aerosol Fire Suppression Technology Standards.
- ISO 14520. (2019). Gaseous Fire Extinguishing Systems.
- Fire Protection Handbook. (2021). NFPA.
- FM Global. (2020). Fire Protection Data Sheets.
- U.S. Fire Administration. (2021). Special Fire Suppression Systems.
- National Institute of Standards and Technology (NIST). (2020). Fire Suppression Research.
- 한국소방시설협회. (2021). 소방시설의 이해와 적용.
- European Fire Sprinkler Network. (2020). Special Hazard Fire Protection.

PART 03

소화약제의 안전성·법규미래

CHAPTER 10

소화약제의 독성, 안전성 및 환경 영향

학습목표

- 소화약제의 독성이 인체 및 환경에 미치는 영향을 이해한다.
- 소화약제의 사용 및 누출 시 안전 관리 방안을 설명할 수 있다.
- 오존층 파괴 및 지구온난화와 관련된 소화약제의 영향을 분석한다.
- 친환경 소화약제의 필요성과 연구 동향을 이해한다.
- 주요 소화약제의 특성과 안전 기준을 비교할 수 있다.

1 소화약제의 인체 독성 및 안전 기준

1.1 소화약제에 의한 인명 사고

1. 소화약제로 인해 발생한 인명 사고 사례

소화약제 사용으로 인한 인명 사고는 주로 밀폐된 공간에서 과도하게 방출될 때 발생한다. 대표적인 사례는 다음과 같다.

그림 10.1 소화약제 방출로 인한 인명 사고 개요

- 2007년 항공기 화재 진압 사건: 항공기 내 화재 발생 시 자동 방출된 할론 소화약제로 인해 객실 내 산소 농도가 급격히 감소하여 승무원이

질식한 사례가 보고됨

- **2012년 산업 공장 CO_2 소화약제 사고**: 전자 부품 공장에서 자동 CO_2 소화 시스템이 오작동하면서 작업자 3명이 질식하여 사망한 사고 발생
- **2018년 데이터센터 질식 사고**: 서버실 화재 시 IG-541 소화약제가 방출되면서 근무 중이던 직원이 산소 부족으로 의식을 잃고 부상을 입음

2. 소화약제에 의한 잠재적인 인명 피해

소화약제의 종류에 따라 다음과 같은 잠재적인 인명 피해가 발생할 수 있다.

- **산소 희석으로 인한 질식**: 불활성기체형 소화약제(IG-100, IG-541 등)는 공기 중 산소 농도를 낮춰 질식 위험을 증가시킴
- **신경독성**: 할론 계열 소화약제는 중추신경계에 영향을 미쳐 현기증, 판단력 저하 등을 유발할 수 있음
- **화학적 자극**: 일부 화학 소화약제는 피부 및 점막에 자극을 주어 장기 노출 시 건강 문제를 일으킬 수 있음

1.2 독성 평가

1. 독성 평가 주요 지표

소화약제의 독성을 평가하는 주요 지표는 다음과 같다.

- LC_{50} (Lethal Concentration 50%): 특정 시간 동안 공기 중에서 피험자의 50%가 사망하는 농도
- NOAEL (No Observed Adverse Effect Level): 관찰 가능한 부정적 영향이 나타나지 않는 최대 농도
- LOAEL (Lowest Observed Adverse Effect Level): 최소한의 부정적 영향이 나타나는 농도
- IDLH (Immediately Dangerous to Life or Health): 즉각적인 건강 위험을 초래하는 농도

표 10.1 주요 소화약제의 독성 기준

소화약제	LC_{50} (ppm)	NOAEL (ppm)	LOAEL (ppm)	IDLH (ppm)
CO_2	50,000	5,000	10,000	40,000
할론-1301	700,000	50,000	100,000	500,000
IG-100	-	-	-	43,000

2. 독성 평가 방법

- **급성 독성 시험**: 단기간 노출 후 독성 영향을 분석하는 실험으로, 주로 LC_{50}을 측정하는 데 사용됨
- **만성 독성 시험**: 장기 노출 시 신체에 미치는 영향을 평가하는 실험으로, NOAEL과 LOAEL을 산출하는 데 이용됨
- **흡입 독성 실험**: 소화약제 가스를 흡입했을 때 호흡기 및 전신 영향을 분석하는 연구
- **세포 독성 실험**: 인체 세포를 이용하여 소화약제가 세포 수준에서 미치는 영향을 분석하는 실험
- **동물 실험 및 역학 연구**: 동물 모델을 활용한 실험과 인체 대상 역학 연구를 통해 장기간 노출에 대한 결과를 예측함

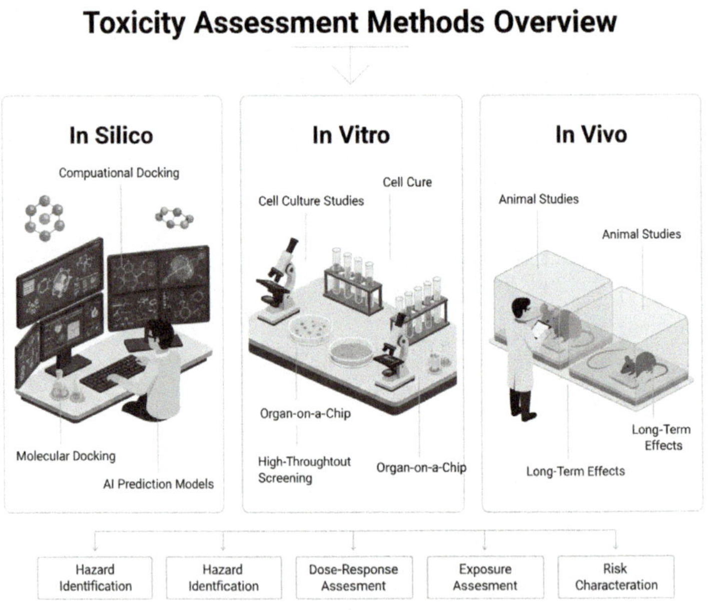

그림 10.2 독성 평가 방법 개요

3. 독성 평가 및 안전 기준 설정의 한계성

- **개인별 감수성 차이**: 연령, 건강 상태, 유전적 요인 등에 따라 동일한 소화약제라도 개인별 반응이 다를 수 있음
- **장기 노출 연구 부족**: 대부분의 소화약제는 단기 노출 시험이 주로 이루어져 있으며, 장기간 노출 시의 축적 효과에 대한 연구가 부족함
- **다중 노출 환경 고려 부족**: 실제 화재 상황에서는 여러 화학물질이 동시에 방출될 가능성이 있으나, 개별 물질 중심의 연구가 많음
- **실험 환경과 실제 환경의 차이**: 실험실 조건에서 수행된 연구 결과가 실제 환경과 다를 수 있으며, 다양한 변수의 영향을 충분히 반영하지 못할 수 있음

1.3 소화약제의 인체에 미치는 영향

1. 흡입에 의한 영향

- CO_2: 높은 농도에서 질식 및 의식 소실 유발 가능하고 일정 농도 이상에서는 두통, 어지러움, 판단력 저하가 발생하며 심할 경우 사망할 수 있음
- **할론 계열**: 중추신경계 억제 작용, 심박수 증가 및 어지러움 초래하며 일부 연구에서는 장기 노출 시 신경계 장애를 유발할 가능성이 제기됨
- **불활성기체(IG-100, IG-541 등)**: 산소 농도를 희석하여 질식 위험 증가하고 산소 농도가 12% 이하로 감소하면 인간이 정상적인 인지 및 활동을 수행할 수 없게 됨

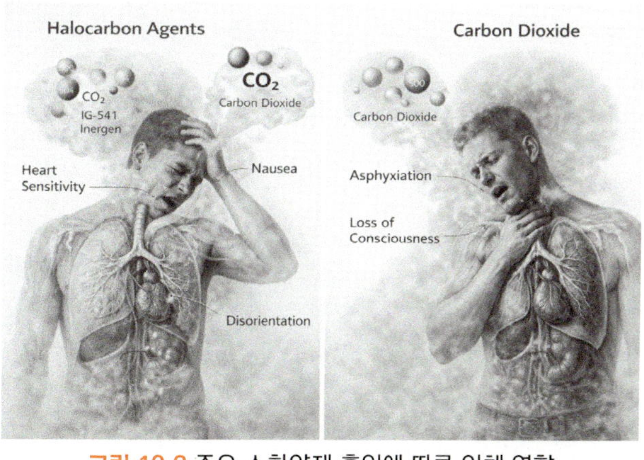

그림 10.3 주요 소화약제 흡입에 따른 인체 영향

2. 피부 및 점막 접촉에 의한 영향

- **할론-1301 및 CO_2**: 저온 방출 시 동상 유발 가능하고 일부 고압 방출 시 피부 조직 손상을 일으킬 수 있음
- **화학적 자극**: 일부 소화약제는 피부 및 점막에 자극을 줄 수 있으며, 반복적인 노출 시 만성 피부염 및 점막 손상을 유발할 수 있음

표 10.2 소화약제의 인체 영향 비교

영향 유형	CO_2	할론 계열	불활성기체
흡입	질식 위험	신경계 억제	산소 희석
피부 접촉	저온 화상 가능	피부 자극	영향 없음
장기 노출	호흡기 손상	신경 독성 가능	영향 없음

3. 장기 노출에 의한 영향

- **신경독성**: 일부 할론계 소화약제는 장기간 노출 시 신경계에 영향을 미칠 수 있음
- **호흡기 손상**: 지속적인 노출 시 호흡기 점막 손상 및 만성 폐 질환 위험 증가
- **내분비계 교란 가능성**: 특정 소화약제는 내분비계를 교란할 가능성이 있어 장기적인 건강 영향을 초래할 수 있음

그림 10.4 소화약제의 장기 노출에 따른 건강 위험

1.4 소화약제의 독성 피해에 대한 안전 대책

1. 개인 보호 장비 사용

- 소화약제 사용 시 보호 마스크 및 장갑 착용 필요
- 특정 환경에서는 전신 보호복 착용이 요구됨

2. 환기 시스템 강화

- 밀폐된 공간에서의 소화약제 방출 후 신속한 환기 조치 필요
- 자동 환기 시스템을 도입하여 사고 발생 시 즉각적인 공기 순환이 가능하도록 설계

3. 응급 대응 절차 마련

- 소화약제 노출 시 응급 처치 절차 마련 및 훈련 실시
- 질식 위험이 높은 환경에서는 산소 공급 장치를 배치하여 긴급 대응이 가능하도록 함
- 화학적 자극 가능성이 있는 소화약제 사용 시 응급 세척 장비를 구비하여 신속한 처치 가능하게 함

4. 대체 소화약제 연구

- 인체 독성이 낮은 친환경적인 소화약제 개발 필요
- 기존 화학 소화약제보다 인체와 환경에 미치는 영향을 최소화하는 물질 연구 및 실용화
- 오존층 파괴 물질 및 신경독성을 유발할 가능성이 있는 화합물 대체 연구 진행

5. 안전 교육 및 훈련

- 소화약제 취급 담당자 대상 정기적인 안전 교육 및 비상 대응 훈련 시행
- 실제 사례를 바탕으로 한 시뮬레이션 훈련을 통해 위기 대응 역량 강화
- 소화 시스템 유지보수 담당자를 대상으로 사고 방지를 위한 정기적 점검 및 조치 교육 실시

6. 법규 및 기준 강화

- 소화약제 사용 및 방출에 대한 엄격한 법적 규제 도입
- 화재 안전 기준을 강화하여 특정 환경에서의 소화약제 사용 제한
- 인체에 유해한 소화약제의 사용을 최소화하도록 규제 및 감독 강화

2 환경 영향을 고려한 소화약제 선택

2.1 오존층 파괴 및 지구온난화와 관련된 소화약제 문제

소화약제는 화재 진압에 필수적인 역할을 하지만, 일부 화합물은 환경에 심각한 영향을 미칠 수 있다. 이에 따라 오존층 파괴 및 지구온난화에 대한 영향 평가가 필수적이다. 주요 환경 지표는 다음과 같다.

- ODP(Ozone Depletion Potential): 오존층을 파괴하는 능력을 나타내는 지수로, 값이 클수록 오존층에 대한 영향이 크다.
- GWP(Global Warming Potential): 이산화탄소(CO_2)를 기준으로 특정 기간 동안 온실가스를 방출할 때 지구온난화에 기여하는 정도를 나타내는 지수이다.

오존층 파괴와 지구온난화는 기후 변화 및 인간 건강에 직접적인 영향을 미치므로, 친환경적인 대체 소화약제 개발이 필수적이다. 대표적인 소화약제의 ODP 및 GWP 값을 비교한 결과는 다음 표와 같다.

표 10.3 주요 소화약제의 ODP 및 GWP 비교

소화약제	ODP	GWP
할론 1301	10	7,140
HFC-227ea	0	3,220
FK-5-1-12	0	1

과거 널리 사용되었던 할론(Halon) 계열 소화약제는 강력한 소화 효과에도 불구하고 높은 ODP와 GWP를 갖고 있어 사용이 제한되고 있다. 이에 따라 HFC(Hydrofluorocarbon) 및 FK(Fluoroketone) 계열의 소화약제가 대안으로 연구되고 있다.

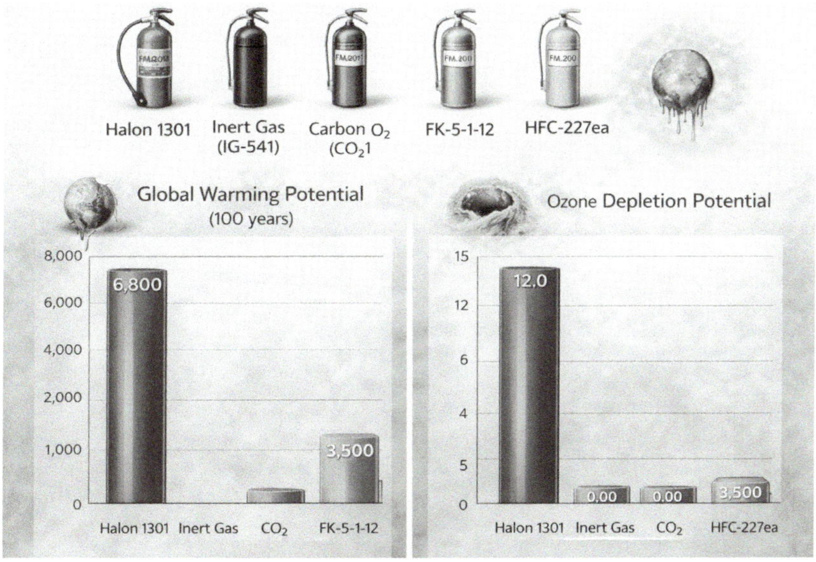

그림 10.5 주요 소화약제의 환경 지표 비교

2.2 환경 친화적 소화약제의 개발과 적용

환경 보호를 위한 대체 소화약제의 필요성이 증가하면서 다양한 친환경 소화약제가 개발되고 있다.
대표적인 친환경 소화약제는 다음과 같다.

1. 할로젠화합물 대체제

FK-5-1-12(Fluoroketone 계열)는 GWP가 1로 매우 낮으며, 대기 중에서 빠르게 분해되어 환경 영향을 최소화한다. 또한, 전기적 특성이 우수하여 전자 장비 보호를 위한 소화 시스템에도 적합하다.

2. 불활성기체 계열

불활성기체 계열 소화약제는 대기 중에 자연적으로 존재하는 가스를 활용하므로 환경 영향을 최소화한다. 주요 불활성기체 소화약제는 다음과 같다.

- IG-100(질소): 100% 질소로 구성되며, 인체 안전성이 높고 환경 영향을 주지 않는다.
- IG-541(질소, 아르곤, 이산화탄소 혼합 가스): 질소 52%, 아르곤 40%,

이산화탄소 8%로 구성되며, 다양한 환경에서 효과적으로 적용 가능하다.

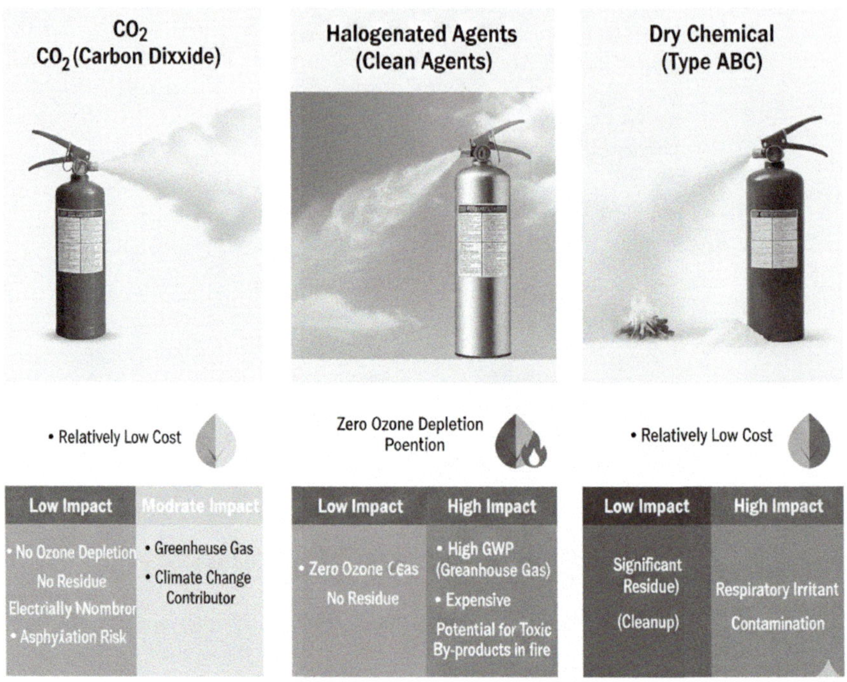

그림 10.6 주요 소화약제의 환경 영향 비교

2.3 친환경 소화 시스템의 적용 사례

친환경 소화약제는 다양한 산업 및 공공 시설에서 활용되고 있으며, 주요 적용 사례는 다음과 같다.

1. 데이터 센터 및 서버실

- FK-5-1-12는 전자 장비 보호에 적합하여 데이터 센터에서 널리 사용됨
- HFC-227ea도 대체제로 사용되지만, GWP가 높아 점진적인 대체가 요구됨

2. 항공 및 해양 산업

- 기존 할론 소화 시스템을 IG-100 또는 IG-541로 대체하는 사례 증가

- FK-5-1-12는 무독성 및 저잔류 특성으로 선박 및 항공기 소화 시스템에 적용됨

3. 박물관 및 도서관

- 종이 및 예술품 보호를 위해 IG-541 및 FK-5-1-12가 사용됨
- 화재 시 화학적 부식이 적어 문화재 보호에 적합함

4. 반도체 및 정밀 기기 산업

- 정밀 전자 장비를 보호하기 위해 불활성기체 계열 소화약제 적용
- HFC-227ea 및 FK-5-1-12가 사용되며, 점진적으로 FK-5-1-12로 전환 중

표 10.4는 다양한 환경 친화적 소화 시스템의 적용 사례를 정리한 것이다.

표 10.4 친환경 소화 시스템 적용 사례

적용 분야	사용 소화약제	주요 특징
데이터 센터	FK-5-1-12	전자 장비 보호, 낮은 GWP
항공/해양	IG-100, IG-541	기존 할론 대체, 인체 안전성 높음
박물관/도서관	IG-541, FK-5-1-12	화학적 부식 없음, 문화재 보호 적합
반도체 산업	FK-5-1-12, HFC-227ea	정밀 기기 보호, 점진적 전환 중

3 사용 및 누출 시 안전 관리와 대응

3.1 소화약제의 방출 시 안전 절차

소화약제 사용 시 안전성을 확보하기 위한 절차는 다음과 같다.

1. 감지 시스템 및 경보 장치 설치

- 누출 감지 및 즉각적인 대응이 가능하도록 설비 구축
- 실내 공기질 센서를 이용한 실시간 감지 시스템 운영
- 비상 경보 장치와 연동하여 신속한 대피 유도

2. 자동 방출 시스템 운영

- 필요 시 자동 방출을 통해 신속한 화재 진압
- 인체 유해성을 고려한 방출량 조절 기능 포함
- 수동 조작 시스템과 병행하여 운영

3. 방출 후 환기 조치

- 소화약제 방출 후 충분한 환기를 통해 잔류 가스를 제거
- 기계 환기 및 자연 환기를 병행하여 효과적 제거
- 방출된 소화약제의 종류에 따른 적절한 환기 시간 설정

표 10.5 소화약제 방출 시 안전 절차 비교

항목	수동 방출	자동 방출
방출 속도	사용자가 조작	즉각적 방출
안전성	사용자 숙련도 필요	자동 감지 및 방출
잔류 가스 처리	추가 환기 필요	자동 환기 기능 포함

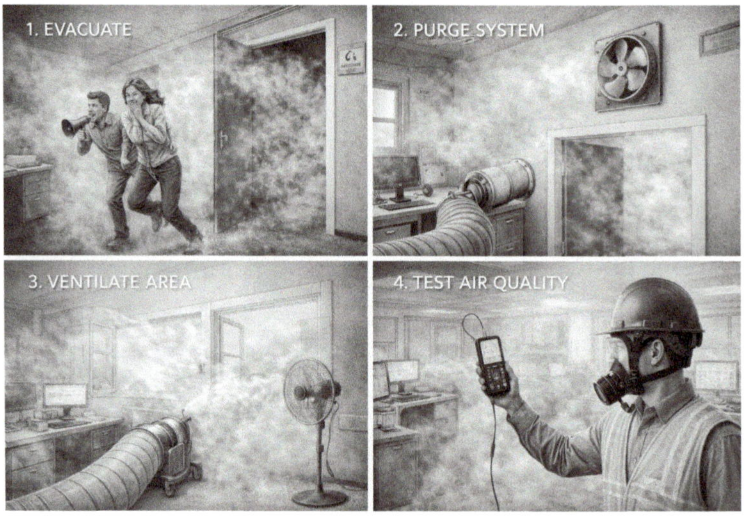

그림 10.7 소화약제 방출 후 환기 절차

3.2 화학물질 유출 시 대응 방법

소화약제가 실내에 방출되었을 경우, 적절한 대응 방법이 필요하다.

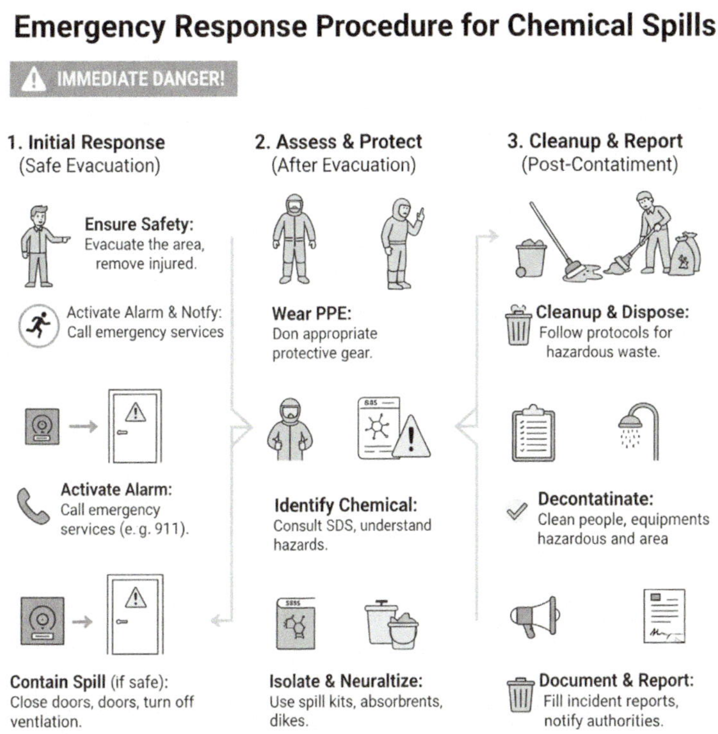

그림 10.8 화학물질 유출 시 대응 절차

1. 흡수제 사용

- 유출된 화학물질을 흡수제로 제거
- 활성탄, 규조토 등의 흡수제를 사용하여 신속한 흡수
- 대량 유출 시 흡수포 또는 모래 사용 가능

2. 보호 장비 착용

- 유출된 약제에 대한 보호복 및 마스크 착용
- 유해 화학물질에 따른 적절한 보호 장비 선택
- 눈 보호를 위한 고글 착용 및 피부 접촉 방지를 위한 장갑 착용

3. 폐기물 처리

- 사용된 약제는 환경 규정에 따라 안전하게 폐기
- 유해 물질 관리 규정에 따라 지정된 장소에서 처리
- 재사용 가능 여부 판단 후 적절한 재활용 방안 고려

그림 10.9 보호 장비 착용 예시

소화약제의 방출 및 유출 시 적절한 대응 절차를 준수하는 것은 인체 및 환경 보호에 필수적이다. 적절한 감지 시스템 구축과 신속한 대응 방안을 마련하여 사고 발생 시 피해를 최소화해야 한다.

연습문제

01 소화약제의 독성이 인체에 미치는 영향을 설명하시오.

02 소화약제의 환경 영향(ODP, GWP 개념 포함)에 대해 설명하시오.

03 오존층 보호를 위한 대체 소화약제의 연구 동향을 논하시오.

04 소화약제 사용 시 안전 절차를 단계별로 설명하시오.

05 할론과 FK-5-1-12의 환경 영향 차이를 분석하시오.

06 국제 환경 규제 변화가 소화약제 시장에 미치는 영향을 설명하시오.

07 NOAEL과 LC_{50}의 개념을 비교하여 설명하시오.

08 소화약제 방출 후 환기가 중요한 이유를 기술하시오.

09 환경 친화적 소화약제 개발이 필요한 이유를 논하시오.

10 불활성기체 소화약제의 장점과 한계를 서술하시오.

참고문헌

- NFPA. (2021). Toxicity and Environmental Impact of Fire Suppressants.
- UNEP. (2020). Fire Suppression Agents and Environmental Safety Guidelines.
- 한국환경부. (2021). 환경 친화적 소화약제 연구 보고서.
- EPA. (2022). Greenhouse Gas Impacts of Fire Suppressants.
- ISO. (2019). Fire Protection - Clean Agent Systems.
- 미국 국립표준기술연구소(NIST). (2021). Fire Suppression and Human Safety.
- 국제환경협약 보고서. (2020). Montreal Protocol and Fire Suppression.
- 유럽연합 환경청(EEA). (2022). Climate Impact of Fire Suppressants.
- 일본 화재안전협회. (2021). 소화약제와 환경 규제.
- 미국 화재방재협회. (2021). Fire Safety and Clean Agent Systems.

CHAPTER 11 법규 및 인증 제도

학습목표

- 국내외 소화약제 관련 법규 및 인증 기준을 이해한다.
- 최신 법규 변경 사항과 그 적용 방법을 분석한다.
- 국제 인증과 국내 인증 기준의 차이를 파악하고 실무 적용 방안을 학습한다.
- 소화약제의 형식승인 및 제품검사 절차를 단계별로 설명할 수 있다.
- 환경 규제 변화에 따른 소화약제 법규의 발전 방향을 예측할 수 있다.

1 소화약제 관련 법규 개요

화재 발생 시 인명과 재산을 보호하기 위해 소화약제의 적절한 사용이 필수적이다. 이에 따라 각국에서는 소화약제의 제조, 유통, 사용 및 폐기에 관한 엄격한 법적 규제를 마련하고 있다. 대한민국에서는 소방청과 환경부를 중심으로 소화약제 관련 법률을 제정 및 개정하며, 특히 환경 보호 및 화재 안전성 강화를 목표로 하는 다양한 규정을 적용하고 있다. 본 장에서는 국내 소화약제 관련 법규의 개요와 함께 주요 법률 및 관리 기준, 성능 시험과 인증 절차에 대해 살펴본다.

1.1 국내 소화약제 관련 법규 및 관리 기준

소화약제는 화재 시 효과적인 소화 성능을 발휘해야 하며, 동시에 인체 및 환경에 미치는 영향을 최소화해야 한다. 이를 위해 대한민국에서는 소방시설 설치 및 관리에 관한 법률, 화학물질관리법, 대기환경보전법 등을 중심으로 소화약제의 제조, 사용 및 폐기 과정에 대한 규제를 마련하고 있다.

- **소방시설 설치 및 관리에 관한 법률**: 소화약제의 사용 기준과 성능 요구사항을 규정하며, 소방시설에서의 설치 및 유지 관리 기준을 포함한다.
- **화학물질관리법**: 소화약제의 화학적 특성과 유해성, 환경 영향을 평가하고 관리하는 기준을 정하며, 특정 유해물질 함유 여부에 따라 사용

을 제한한다.

- **대기환경보전법**: 오존층 파괴 및 온실가스 배출을 고려하여 특정 화학물질을 포함한 소화약제의 사용을 규제한다.
- **산업안전보건법**: 소화약제 취급 시 작업자의 안전을 확보하기 위한 보호 조치 및 취급 기준을 제시한다.

이러한 법률은 개별적으로 적용되기도 하지만, 상호 연계되어 소화약제의 개발부터 폐기까지 전 과정에서 안전성과 환경 보호를 보장하는 역할을 한다.

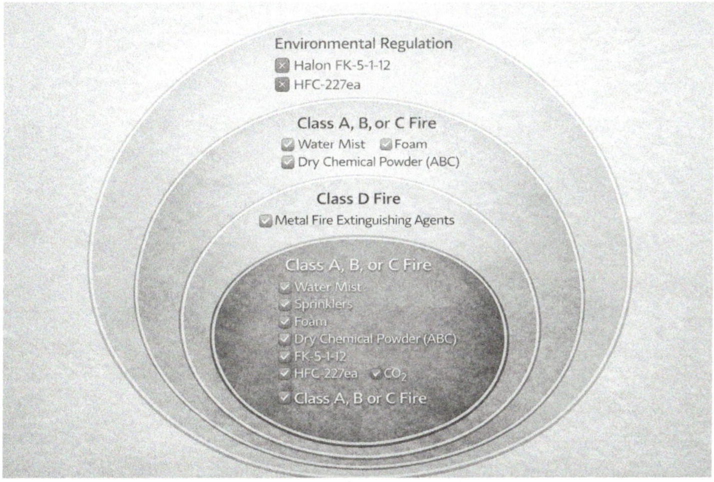

그림 11.1 국내 소화약제 법규 적용 범위 도식화

1.2 소방시설 설치 및 관리에 관한 법률 및 화학물질관리법

소화약제 관련 법률 중 가장 중요한 두 가지는 소방시설 설치 및 관리에 관한 법률과 화학물질관리법이다.

1. 소방시설 설치 및 관리에 관한 법률

소방시설 설치 및 관리에 관한 법률은 소화약제가 포함된 소화설비의 설치 및 유지 기준을 명확히 규정한다. 주요 내용은 다음과 같다.

- 소화약제의 성능 기준 및 적합성 평가
- 자동소화설비 및 이동식 소화기 등에 사용되는 소화약제의 안전 기준

- 특정 시설에서 사용이 금지되거나 제한되는 소화약제 목록
- 소화약제 보관 및 유지 관리에 대한 규정

이 법에 따라, 특정 건축물이나 산업 시설에서는 일정 기준 이상의 성능을 가진 소화약제를 사용해야 하며, 이에 대한 검사는 한국소방산업기술원(KFI) 등의 기관에서 수행한다.

2. 화학물질관리법

화학물질관리법은 소화약제에 포함된 화학물질의 유해성을 평가하고, 이를 기반으로 사용 제한 및 관리 기준을 설정한다. 주요 내용은 다음과 같다.

- 특정 유해 화학물질이 포함된 소화약제의 제조 및 사용 제한
- 소화약제의 환경 영향 평가 및 친환경 대체제 연구 장려
- 폐기 시 오염 방지를 위한 처리 절차

특히, 오존층 보호 및 온실가스 저감을 위해 특정 소화약제 사용이 제한되거나 금지되었으며, 국제 규제(예: 몬트리올 의정서)에 맞춰 지속적인 개정이 이루어지고 있다.

1.3 소화약제 관련 성능 기준 및 시험 방법

소화약제는 화재 진압 성능과 환경 및 인체에 대한 안전성을 보장하기 위해 엄격한 시험 및 인증 절차를 거쳐야 한다. 대한민국에서는 주로 한국소방산업기술원(KFI)과 국립환경과학원(NIER)이 관련 시험을 수행하며, 다음과 같은 시험 방법이 적용된다.

1. 성능 시험

소화약제의 기본적인 성능을 평가하는 시험으로, 다음 항목을 포함한다.

- **방출 시험**: 소화약제가 신속하고 균일하게 방출되는지 확인
- **소화 능력 시험**: 특정 화재 유형(예: 유류 화재, 전기화재 등)에 대한 소화 성능 평가
- **잔류성 시험**: 소화약제 사용 후 잔여물의 유해성 및 환경 영향을 분석

2. 환경 영향 평가

소화약제의 사용이 환경에 미치는 영향을 분석하는 시험으로, 다음을 포함한다.

- 오존층 파괴 가능성(ODP) 및 지구온난화 지수(GWP) 측정
- **독성 평가**: 인체 및 생태계에 미치는 독성 수준 분석
- **분해성 및 잔류성 테스트**: 자연에서의 분해 속도 및 환경 축적 가능성 평가

3. 인증 절차

소화약제는 일정 기준 이상의 성능을 충족해야 하며, 이를 입증하기 위해 국내외 인증을 받아야 한다.

- **국내 인증**: 한국소방산업기술원(KFI), 국립환경과학원(NIER) 등의 기관에서 수행
- **국제 인증**: UL(미국), FM(미국), EN(유럽) 등 다양한 국제 기준 적용
- **환경 인증**: 친환경 소화약제의 경우, 탄소발자국 인증, 환경표지 인증 등이 추가적으로 요구됨

시험을 통과한 제품만이 시장에서 유통될 수 있으며, 이 과정에서 기준을 충족하지 못한 제품은 판매가 제한되거나 회수 조치될 수 있다.

표 11.1 국내외 소화약제 관련 법규 비교

구분	대한민국	미국(UL/FM)	유럽(EN)
주요 법률	소방시설 설치 및 관리에 관한 법률, 화학물질관리법	NFPA, EPA	EN 규격, REACH
인증 기관	KFI, NIER	UL, FM, EPA	CE, EN
환경 기준	오존층 보호법 적용	온실가스 규제	REACH, 환경 영향 평가
성능 시험	KFI 성능 인증 필수	UL/FM 인증 필수	EN 기준에 따른 성능 시험

소화약제는 화재 안전뿐만 아니라 환경 보호 및 인체 안전을 고려해야 하는 중요한 요소이다. 대한민국에서는 소방시설 설치 및 관리에 관한 법률과 화학물질관리법을 중심으로 소화약제의 사용을 규제하고 있으

며, 환경 보호를 위해 오존층 파괴 및 지구온난화 영향이 큰 물질의 사용을 점진적으로 줄여가고 있다. 또한, 국내외 성능 시험과 인증을 통해 제품의 안전성과 신뢰성을 보장하며, 이를 통해 보다 효과적인 화재 예방 및 진압이 가능하도록 하고 있다.

2 국제 및 국내 인증 기준 개괄

화재 안전과 관련된 인증 기준은 각국의 법규와 국제적인 표준을 바탕으로 마련되며, 소화약제 및 소화 시스템의 성능과 안전성을 보장하는 역할을 한다. 이 장에서는 주요 국제 및 국내 인증 기준을 살펴보고, 각 기준의 특징과 차이점을 분석한다.

2.1 NFPA (National Fire Protection Association)

미국 화재 방지 협회(NFPA)는 화재 예방과 관련된 다양한 표준을 제정하는 기관으로, 소화약제 시스템과 관련하여 NFPA 2001 "청정 소화약제 시스템" 표준을 제정하였다. NFPA 2001은 가스계 소화 시스템의 설계, 설치, 유지보수 및 시험 절차를 규정하며, 환경친화적인 청정 소화약제의 사용을 강조하고 있다. 주요 내용은 다음과 같다.

- 소화약제의 최소 및 최대 충전 밀도 규정
- 방출 시간 및 효과적인 소화 성능 평가 방법
- 피난 및 안전 고려 사항
- 시스템 유지보수 및 정기적인 시험 요구사항

NFPA의 표준은 미국을 포함한 여러 국가에서 널리 적용되고 있으며, 국내에서도 NFPA 기준을 참고하여 소방 설비를 설계하는 경우가 많다.

2.2 UL (Underwriters Laboratories) & FM Global 인증

UL과 FM Global은 미국에서 대표적인 제품 안전 인증 기관으로, 소방 제품 및 소화약제의 성능과 안전성을 평가하여 인증서를 발행한다.

1. UL 인증

UL(Underwriters Laboratories)은 전기·기계 장비 및 소방 제품의 안전성을 평가하는 독립 기관으로, 소화약제와 관련하여 다음과 같은 시험 및 인증을 수행한다.

- 화학적 안정성 및 저장 수명 시험
- 소화 성능 시험
- 전기적 안전성 평가
- 재료의 내구성 및 환경 영향 평가

2. FM Global 인증

FM Global은 위험 관리를 위한 연구 및 인증을 수행하는 기관으로, 소방 제품의 성능 평가 및 인증을 제공한다. FM 인증은 특히 산업 현장에서 신뢰성을 보장하기 위해 다음과 같은 요소를 평가한다.

- 화재 억제 성능 시험
- 기계적 강도 및 내구성 시험
- 환경 친화성 평가
- 설치 및 유지보수 요구사항 검토

그림 11.2 NFPA, UL, FM 인증 구조 비교

UL과 FM Global 인증을 받은 제품은 국제적으로 신뢰성을 인정받으며, 국내 기업이 해외 시장에 진출하는 데 중요한 역할을 한다.

2.3 ISO (International Organization for Standardization) 표준

ISO(국제 표준화 기구)는 전 세계적으로 통용되는 표준을 제정하는 기관으로, 소화약제 관련하여 ISO 14520 "가스계 소화 시스템" 표준을 운영하고 있다. ISO 14520은 다음과 같은 요소를 포함한다.

- 소화약제의 물리·화학적 특성
- 시스템 설계 및 성능 평가 기준
- 소화약제 방출 및 유지보수 절차
- 환경 및 인체 안전 고려 사항

ISO 14520 표준은 다양한 국가에서 채택되며, 특히 다국적 기업이 여러 국가에서 소화 시스템을 설치할 때 중요한 지침이 된다.

2.4 소화약제 성능시험 및 안전성 기준

국제 및 국내 인증 기준 간의 주요 차이점은 다음과 같다.

- **환경 규제**: NFPA 및 UL/FM 인증은 성능 위주의 평가를 중시하지만, ISO 14520은 환경 친화성 측면에서도 엄격한 기준을 적용한다.
- **시험 방법의 차이**: 각 기관은 자체적인 시험 절차를 보유하고 있으며, 예를 들어 UL은 전기적 안전성 평가를 포함하지만, ISO 14520은 환경 영향을 포함한 평가를 강조한다.
- **인증 절차의 복잡성**: FM 인증은 산업 현장에서의 내구성 평가가 포함되므로 인증 획득이 상대적으로 어렵고 비용이 높다.

국내 기업의 인증 도전과제: 해외 인증을 획득하기 위해 추가적인 시험 및 절차를 거쳐야 하며, 이에 따른 시간과 비용이 발생한다.

표 11.2 주요 소화약제 시험 항목 및 기준

시험 항목	NFPA 2001	UL 인증	FM 인증	ISO 14520
소화 성능	O	O	O	O
환경 영향 평가	X	X	O	O
전기적 안전성 평가	X	O	O	X
내구성 및 유지보수	O	O	O	O
시험 절차의 복잡성	중간	낮음	높음	중간

국제 및 국내 인증 기준을 이해하고, 이를 준수하는 것은 소화 시스템의 신뢰성과 안전성을 확보하는 데 필수적이다. 국내 기업들은 글로벌 인증을 획득하여 해외 시장에서의 경쟁력을 강화할 필요가 있다.

3 형식승인 및 제품검사 개요

소화약제는 화재 진압을 위한 핵심 물질로, 그 성능과 안전성을 확보하기 위해 형식승인과 제품검사가 필수적이다. 형식승인은 특정 소화약제가 법적 기준과 기술적 요구사항을 충족하는지 평가하는 절차이며, 이후 제품검사를 통해 지속적인 품질 관리가 이루어진다.

3.1 형식승인 절차

형식승인 절차는 제조사가 직접 신청하며, 관련 기관의 검토를 거쳐 승인 여부가 결정된다. 승인 과정은 다음과 같은 단계로 진행된다.

- **제조사 신청**: 제조사는 소화약제의 형식승인을 받기 위해 신청서를 제출하고, 관련 서류 및 시험 계획을 제시해야 한다.
- **성능시험 진행**: 소화 성능 및 물리적, 화학적 특성을 평가하는 시험을 수행한다.
- **인증 평가 수행**: 시험 결과를 기반으로 소화약제가 법적 기준을 충족하는지 검토하고 종합적인 평가를 진행한다.
- **승인 발급**: 모든 절차가 완료되면 형식승인서를 발급하며, 승인된 제품은 일정 기간 동안 유효하다.

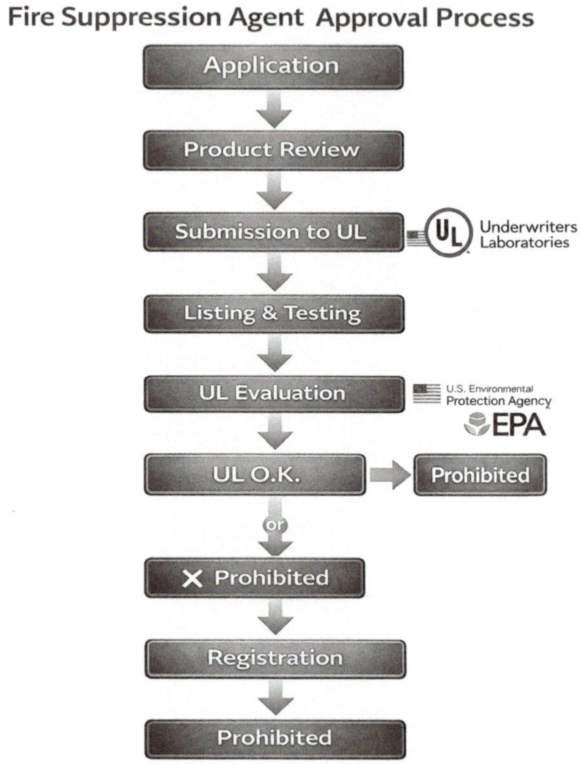

그림 11.3 소화약제 형식승인 절차 흐름도

3.2 소화약제의 시험 기준 및 인증 절차

형식승인을 받은 후에도 제품검사를 통해 지속적인 품질 관리가 이루어진다. 시험 기준에는 다음과 같은 항목이 포함된다.

1. 소화 성능 시험

- 방출 시험: 방출 속도 및 소화약제의 확산 특성을 평가한다.
- 물성 시험: 밀도, 점도, 끓는점 등 물리적 특성을 검사한다.

2. 독성 및 환경성 시험

- 인체 유해성 평가: 흡입 또는 접촉 시 건강에 미치는 영향을 분석한다.
- 환경 유해성 평가: 오존층 파괴 가능성, 수질 및 토양 오염 가능성을 평가한다.

표 11.3 소화약제 시험 기준

시험 항목	세부 내용
방출 시험	방출 속도, 확산 특성
물성 시험	밀도, 점도, 끓는점
인체 유해성	흡입 및 피부 접촉 유해성
환경 유해성	오존층 파괴, 수질 및 토양 오염

3.3 제품검사 절차 및 관리

제품검사는 승인된 소화약제가 지속적으로 품질을 유지하는지 확인하는 과정이다. 주요 절차는 다음과 같다.

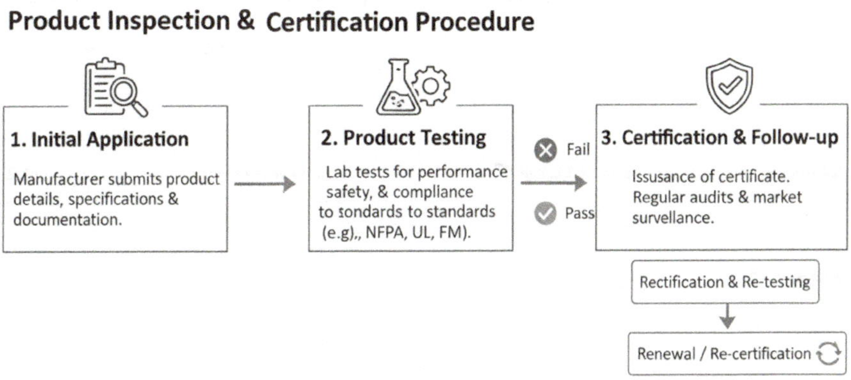

그림 11.4 제품검사 절차 흐름도

- **시료 채취 및 시험**: 제조된 소화약제 중 일부를 무작위로 선택하여 성능시험을 수행한다.
- **생산 공정 점검**: 생산시설과 제조 공정이 승인 당시와 동일한 수준을 유지하는지 평가한다.
- **정기적 재평가**: 일정 기간마다 품질 기준 충족 여부를 재검토하여 승인을 유지할 수 있도록 한다.
- **시장 감시 및 불시 검사**: 제품이 유통되는 동안 무작위로 샘플을 수거하여 시험을 진행하며, 불시 검사를 통해 부적합 제품의 유통을 방지한다.
- **불량 제품 관리 및 조치**: 검사 결과가 기준을 충족하지 못할 경우 제조사는 즉각적인 개선 조치를 수행해야 하며, 필요시 리콜이 진행될 수 있다.

3.4 국제 형식승인 및 인증 동향

소화약제의 형식승인과 제품검사는 국가별로 차이가 있으며, 국제적으로 통용되는 인증 기준이 존재한다. 대표적인 인증 기관 및 기준은 다음과 같다.

- UL (Underwriters Laboratories): 미국 기반 인증 기관으로, 소화약제의 성능 및 안전성을 평가한다.
- FM (Factory Mutual): 화재 및 재난 예방을 위한 안전 인증을 제공하는 기관이다.
- EN (European Norms): 유럽 연합 내에서 적용되는 기술 기준으로, 다양한 소화약제의 성능 평가 기준을 포함한다.
- ISO (International Organization for Standardization): 국제 표준을 제정하며, ISO 14520 등 소화약제 관련 표준이 존재한다.

표 11.4 주요 국제 소화약제 인증 기관

기관명	적용 지역	주요 인증 기준
UL	미국	UL 2127, UL 2166
FM	미국 및 글로벌	FM 200, FM 5600
EN	유럽	EN 15004
ISO	글로벌	ISO 14520

3.5 소화약제 인증의 중요성 및 향후 전망

소화약제의 형식승인과 제품검사는 화재 안전을 보장하는 중요한 과정이다. 지속적인 기술 발전과 환경 규제 변화에 따라 인증 기준도 강화되는 추세이다. 향후 소화약제의 친환경성, 고효율성, 저독성 요건이 강화될 것으로 예상되며, 이에 따른 인증 절차의 변화도 주목할 필요가 있다.

- **친환경 소화약제 확대**: 기존 소화약제의 오존층 파괴 및 지구온난화 영향을 줄이기 위한 친환경 대체제 연구가 활발히 진행되고 있다.
- **스마트 소화 시스템 연계**: IoT 및 AI 기술을 활용한 자동 소화 시스템과 연계된 제품의 인증 기준이 강화될 전망이다.

- **규제 강화 및 국제 표준화 확대**: 각국의 규제가 점점 강화되면서 국제 표준에 부합하는 제품 개발이 필수가 될 것이다.
- **재활용 및 폐기 관리 중요성 증가**: 소화약제의 사용 후 폐기 및 재활용 방안이 중요해지면서 관련 규정도 정비될 것으로 보인다.

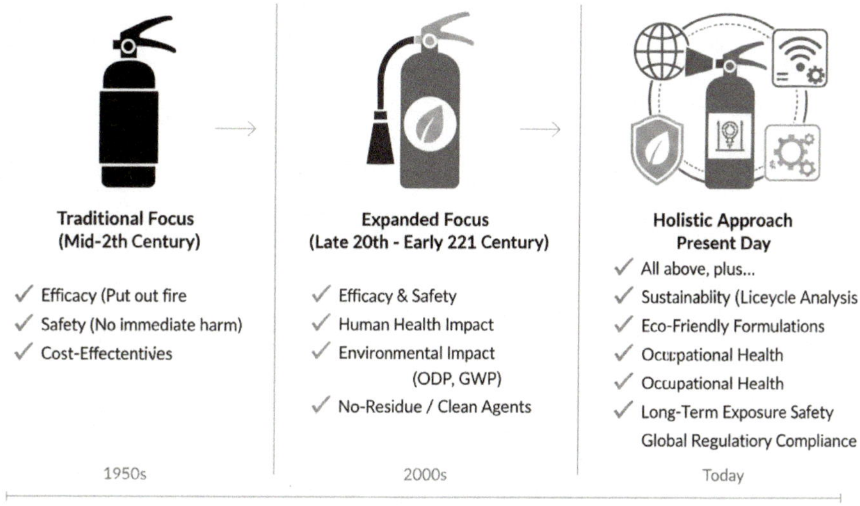

그림 11.5 소화약제 인증 트렌드 변화

4 최신 법규 및 시험 기준 확인 방법

4.1 법규 개정 모니터링 방법

법규 개정 사항을 실시간으로 확인하기 위해 국가법령정보센터 및 한국소방산업기술원(KFI) 홈페이지를 활용할 수 있다. 또한, 법규 개정 관련 뉴스레터 구독, 공청회 및 세미나 참석, 전문가 네트워크 구축 등을 통해 최신 정보를 확보할 수 있다. 기업 및 연구소는 정기적인 법규 검토 및 대응 체계를 수립하여 변화에 빠르게 적응해야 한다.

이외에도, 관련 학술지 및 연구보고서를 지속해서 검토하여 법규의 변화 방향을 예측할 수 있으며, 규제 기관 및 학계와 협력하여 법규 개정 과정에 직접 참여하는 것도 효과적인 방법이다.

기업들은 법률 전문가를 고용하거나 법률 컨설팅 서비스를 활용하여 최신 법규 정보를 분석하고, 이에 따른 영향을 예측하는 것이 필요하다.

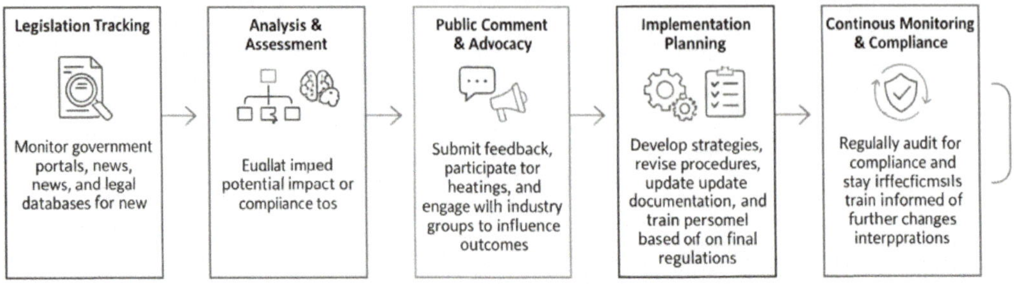

그림 11.6 법규 개정 모니터링 프로세스

4.2 개정되는 법규에 대한 산업계 대응 방안

법규 개정에 따라 기업들은 제품 개발 및 인증 전략을 수정해야 하며, 국제 환경 규제 변화에 맞춰 친환경 소화약제 연구 개발을 강화해야 한다. 이를 위해 연구 개발(R&D) 투자 확대, 친환경 원료 및 제조 공정 도입, 인증 기관과의 협력 강화가 필요하다. 또한, 법규 변화에 따른 제품 성능 시험 및 품질 관리 강화를 통해 시장 경쟁력을 유지할 수 있다.

그림 11.7 산업계 법규 대응 전략 흐름도

법규 개정이 기업 운영에 미치는 영향을 최소화하기 위해서는 내부 프로세스를 신속히 조정하고, 지속해서 법률적인 검토를 수행해야 한다. 기업들은 규제 준수를 위한 사내 교육 및 직원 훈련을 강화하여 법률 변화에 따른 업무 수행 능력을 향상시켜야 한다. 또한, 국제적으로 표준화된 시험 기준을 적용함으로써 글로벌 시장에서도 경쟁력을 유지할 수 있다.

추가적으로, 정부 지원 사업 활용, 해외 시장 법규 동향 분석, 내부 법규 준수 프로세스 개선 등을 통속하고 효과적으로 대응하는 것이 중요하다. 이러한 대응 방안은 기업뿐만 아니라 연구기관, 대학 및 정부 기관 간 협력 체계를 구축함으로써 더욱 효과적으로 이루어질 수 있다.

표 11.5 법규 개정에 따른 기업 대응 전략 비교

대응 전략	내용	기대 효과
연구개발 투자 확대	친환경 소화약제 및 신규 제품 연구 개발	규제 대응 및 시장 경쟁력 강화
제조 공정 개선	친환경 원료 도입 및 공정 효율성 증대	환경 규제 준수 및 비용 절감
품질관리 강화	법규 변화에 맞춘 성능 시험 및 인증 절차 개선	제품 신뢰도 및 안정성 확보
국제 표준화 적용	글로벌 시험 기준 준수 및 해외 인증 확보	해외 시장 진출 기회 확대
사내 교육 강화	직원 대상 법규 준수 및 대응 방안 교육	법규 변화에 대한 적응력 향상

연습문제

01 국내 소화약제 관련 법규의 주요 내용을 설명하시오.

02 NFPA, UL, FM 등의 국제 인증 기준이 중요한 이유를 논하시오.

03 소화약제의 형식승인 및 제품검사 절차를 단계별로 설명하시오.

04 국제 인증과 국내 인증 기준의 차이를 비교하고 구체적인 예시를 제시하시오.

05 소화약제 시험 기준과 인증 절차를 비교하여 설명하시오.

06 최근 개정된 소화약제 관련 법규가 산업 및 제품 개발에 미치는 영향을 분석하시오.

07 환경 규제 강화에 따라 소화약제 법규가 변화할 가능성을 예측하고 이에 대한 대응 방안을 논하시오.

08 ISO 14520 및 NFPA 2001이 소화약제 설계 및 인증에 미치는 영향을 설명하시오.

09 국내외 소화약제 인증 시험의 차이점과 그로 인한 제품 설계상의 고려 사항을 설명하시오.

참고문헌

- NFPA (2022). Fire Suppression Regulations and Compliance Standards.
- UL, FM (2021). Fire Protection Certification Guidelines.
- 한국소방산업기술원(KFI) (2022). 소화약제 관련 법규 및 인증 기준 해설서.
- ISO (2020). ISO 14520: Gaseous Fire-Extinguishing Systems.
- 한국소방기술사회 (2023). 소화약제 성능시험 및 평가기준.
- 환경부 (2023). 화학물질관리법 해설 및 개정안 분석.
- Underwriters Laboratories (2022). Fire Protection Systems and Certification Standards.
- Fire Protection Research Foundation (2023). Environmental Impact of Fire Suppression Agents.
- 한국소방안전원 (2023). 소화약제 시험 및 인증 절차 개정사항.
- 국제소방기구 (2022). Global Fire Safety and Suppression Standards.

CHAPTER 12 소화약제의 미래와 연구 동향

학습목표

- 기존 소화약제의 한계를 분석하고, 차세대 소화약제 개발의 필요성을 이해한다.
- 친환경 소화약제 연구 및 대체 기술의 최신 동향을 설명할 수 있다.
- 다양한 산업 및 시설에서의 소화약제 적용 사례를 분석한다.
- 향후 소화약제 시장과 기술 발전 방향을 예측할 수 있다.

1 할론 대체 및 친환경 소화약제 연구

1.1 기존 소화약제의 한계점

기존 소화약제는 강력한 소화 효과를 가지며 화재 진압에 널리 사용되어 왔으나 여러 가지 문제점을 내포하고 있다. 이러한 문제점은 환경적, 인체 안전성 및 경제적 부담과 관련이 있다.

- **환경 문제:** 일부 소화약제는 오존층을 파괴하거나 지구온난화를 가속화하는 물질을 포함하고 있음
- **독성 및 인체 안전 문제:** 고농도 노출 시 인체에 유해하며 밀폐된 공간에서 질식 위험이 있음
- **경제적 부담:** 규제 강화로 인해 기존 소화약제의 사용이 제한되면서 대체 물질 개발 비용 증가

이러한 문제를 해결하기 위해 친환경적이고 안전한 대체 소화약제의 개발이 필요하다.

1.2 환경 문제(오존층 파괴, 지구온난화)

할론(Halon) 소화약제는 높은 소화 성능을 지녔으나, 오존층을 파괴하는 대표적인 물질로 규제 대상이 되었다. 특히, 할론 1211과 할론 1301은 오존층 파괴 지수(ODP)가 높아 1987년 몬트리올 의정서 이후 단계

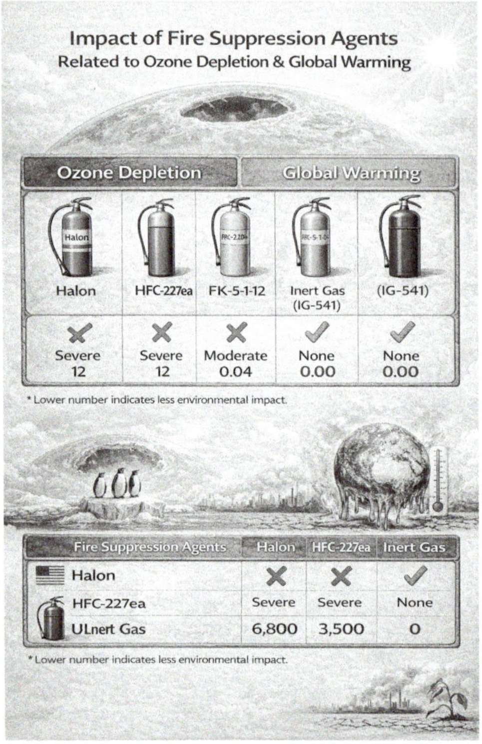

그림 12.1 오존층 파괴 및 지구온난화와 관련된 소화약제의 영향 비교

적으로 사용이 금지되고 있다.

- **HFC(Hydrofluorocarbon) 계열:** 오존층 보호 효과는 있으나 높은 온실가스를 배출하여 지구온난화에 영향을 줌
- **지구온난화 지수(GWP):** 기존 HFC 기반 소화약제의 GWP는 3000 이상으로 CO_2보다 수천 배 높은 온실효과를 유발함
- **새로운 대체 기술 필요:** 오존층 보호와 지구온난화 방지를 위해 GWP가 낮은 대체 소화약제 개발이 필수적임

1.3 독성 및 인체 안전 문제

일부 기존 소화약제는 인체에 유해하며, 장시간 노출 시 건강에 부정적인 영향을 미칠 수 있다. 특히, 밀폐된 공간에서 사용될 경우, 질식의 위험이 크다.

- **할론 1301:** 무색, 무취이지만 고농도에서는 신경독성을 유발할 수 있음
- **HFC-227ea:** 비교적 안전하나, 고농도 흡입 시 현기증 및 호흡곤란 유발 가능
- **밀폐 공간 사용 시 문제점:** 질식 위험이 있어 인체 안전성을 고려한 사용이 요구됨

이에 따라 독성이 낮고 인체에 무해한 친환경 소화약제 연구가 활발하게 진행되고 있다.

표 12.1 기존 소화약제의 독성과 인체 안전성 비교

소화약제	독성 수준	인체 안전성	사용 제한
할론 1301	높음	질식 및 신경독 가능	사용 금지
HFC-227ea	중간	고농도에서 호흡 문제	제한적 사용
FK-5-1-12	낮음	상대적으로 안전	대체 가능

1.4 오존층 보호 및 환경 규제에 따른 대체 소화약제 개발

환경 보호를 위한 국제적 협약인 몬트리올 의정서(1987), 교토 의정서(1997), 그리고 최근의 키갈리 개정안(2016) 등을 통해 기존 소화약제의 단계적 폐지가 추진되고 있다.

- **규제 강화 배경**: 오존층 보호 및 지구온난화 방지를 위한 국제적 노력 증가
- **대체물질 개발 필요성**: 기존 물질의 사용 제한으로 인해 새로운 친환경 소화약제 필요
- **산업계의 대응**: 친환경적인 대체 소화약제 개발 및 적용 확대

1.5 할론 대체 물질(HFC, FK-5-1-12)의 장점과 단점

1. HFC 계열(예: HFC-227ea)

- **장점**: 오존층 파괴 효과 없음, 기존 시스템과 호환 가능
- **단점**: 높은 GWP로 인해 장기적인 사용이 어려움

2. FK-5-1-12(노보렉트)

- **장점**: 낮은 GWP, 친환경적이며 전자 장비 보호에 적합
- **단점**: 가격이 상대적으로 높음

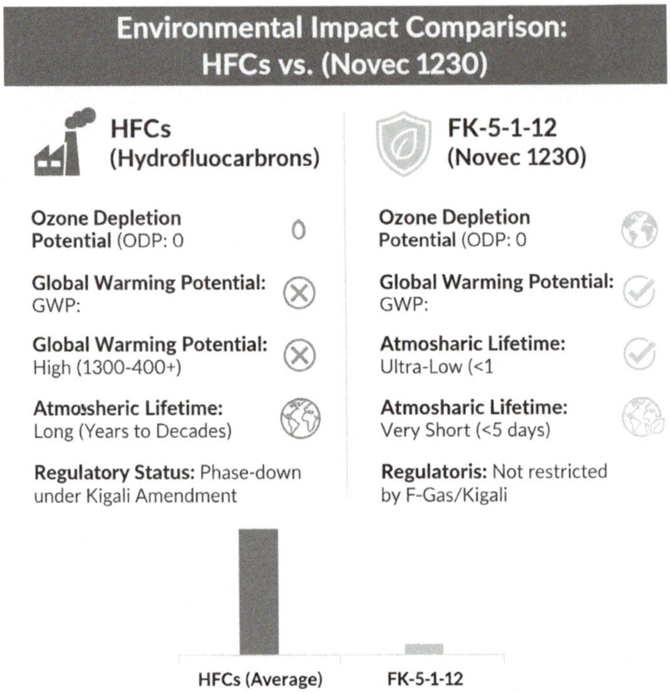

그림 12.2 HFC와 FK-5-1-12의 환경 영향 비교

1.6 친환경 소화약제 연구(불활성기체, 초임계 이산화탄소 등)

1. 불활성기체(IG-541, IG-55)

- 공기 중 질소, 아르곤, 이산화탄소를 혼합하여 사용
- 친환경적이며 인체에 무해
- 기존 소화 시스템과 호환성이 높음

2. 초임계 이산화탄소(SC-CO_2)

- 액체와 기체의 성질을 모두 지닌 특수한 형태
- 높은 소화 효율과 친환경적 특성 보유
- 우주 및 해양 산업 분야에서 적용 가능

1.7 친환경 소화약제의 기술적 요건 및 적용 가능성

효과적인 소화 성능: 화재 진압 능력이 기존 약제와 동등하거나 우수해야 함

- 낮은 환경 부하: 오존층 파괴 및 지구온난화 기여도를 최소화해야 함
- 경제성 확보: 대량 생산 및 사용 시 경제성이 유지되어야 함
- 다양한 환경에서의 적용 가능성: 전자기기, 밀폐 공간 등 다양한 화재 유형에 대응 가능해야 함

1.8 신소재 기반 소화약제(나노소재, 친환경 화합물)

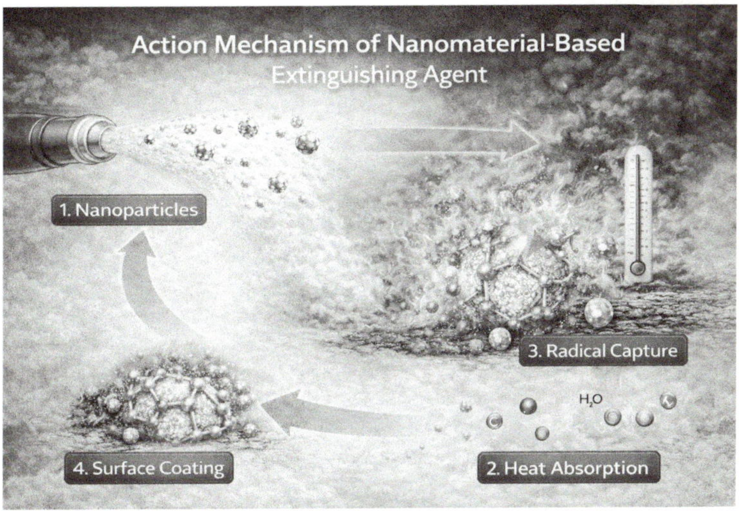

그림 12.3 나노소재 기반 소화제의 작용 메커니즘

1. 나노소재 기반 소화제

- 나노입자를 활용한 고효율 소화 시스템 개발
- 열 흡수 능력이 뛰어나고 소화 속도가 빠름
- 초미세 분말 형태로 전자 장비 보호에도 적합

2. 친환경 화합물 기반 소화제

- 생분해성이 높은 화합물을 이용하여 지속 가능한 소화 시스템 개발
- 기존 화학 약제보다 낮은 독성 및 환경 영향을 가짐
- 고체, 액체 및 가스 형태로 다양하게 활용 가능

이와 같은 연구를 통해 친환경적이고 안전한 소화약제가 개발되고 있으며, 향후 다양한 산업 분야에서 적용이 기대된다.

2 나노소재 및 지능형 소화약제 연구

2.1 나노소재 기반 차세대 소화약제

- 기존 소화약제 대비 빠른 반응성과 높은 효율을 제공하며, 소화 속도 및 효과가 크게 향상됨
- 나노입자의 높은 반응성과 표면적 증가를 활용하여 연소 억제 효과 극대화
- 기존 소화약제와의 혼합 사용을 통해 시너지 효과 창출 가능
- 나노 촉매를 활용한 연소 억제 메커니즘 연구 진행 중

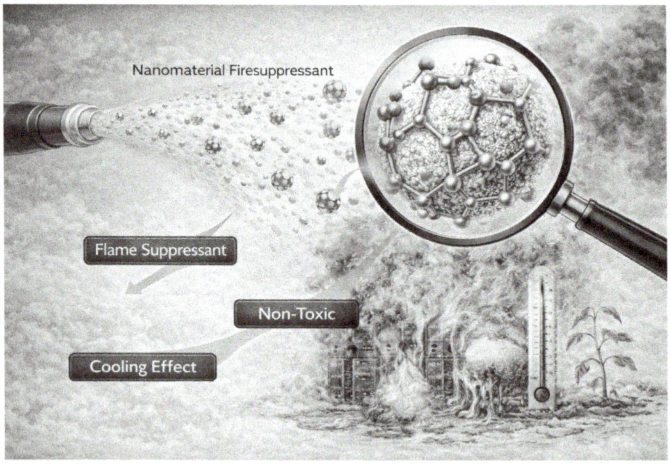

그림 12.4 나노소재 기반 차세대 소화약제의 개념도

2.2 나노입자를 활용한 초미립 분말 소화약제

- 미세한 크기의 나노입자가 연소 반응을 직접적으로 억제하여 화재 확산 방지
- 높은 표면적을 이용하여 적은 양으로도 효과적인 소화 가능하며, 소화약제 사용량 절감 효과
- 나노입자의 빠른 반응성으로 인해 화재 초기 진압에 유리함
- 전통적 분말 소화약제와의 비교 연구를 통해 최적의 입자 크기와 조성 개발
- 소화약제의 부착력 개선을 위한 나노코팅 기술 적용 가능성 검토

그림 12.5 나노입자를 활용한 초미립 분말 소화약제의 작용 원리

표 12.2 나노입자를 활용한 초미립 분말 소화약제의 특성 비교

구분	기존 분말 소화약제	나노입자 기반 소화약제
입자 크기	10~100 μm	10~100 nm
표면적 증가율	1배	100배 이상
소화 속도	중간	매우 빠름
화재 종류	고체, 액체 화재	모든 화재 대응 가능

2.3 친환경 나노물질(무독성, 저환경부하) 적용 연구

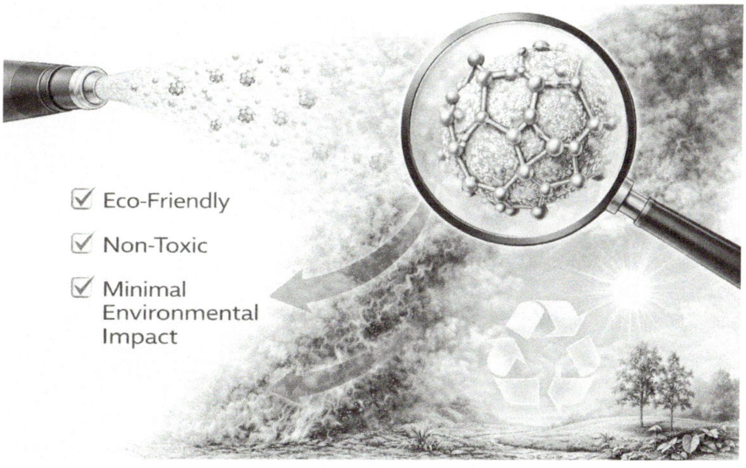

그림 12.6 친환경 나노소재 기반 소화약제의 개념도

- 비독성 및 친환경 나노소재를 활용하여 인체 및 환경에 미치는 영향을 최소화
- 기존 소화약제의 독성 문제 해결을 위해 생체 적합성이 높은 물질 적용
- 생분해성 나노소재를 활용한 소화약제 개발 연구 진행
- 화학적 반응을 줄이고 친환경성을 높인 지속가능한 소화 기술 적용 가능성

2.4 AI(인공지능)를 이용한 지능형 소화 시스템 개발

- 자동 감지 및 반응형 소화 시스템을 개발하여 화재 초기에 즉각 대응
- 빅데이터와 AI 기술을 결합하여 화재 감지 및 예방 기술 적용
- IoT 센서와 연계하여 실시간 모니터링 및 지능형 소화 시스템 구현
- 화재 위험도를 사전에 예측하고 최적의 대응 방안을 제시하는 스마트 소화 기술 적용
- 다양한 환경에서 적용 가능한 맞춤형 AI 소화 솔루션 연구

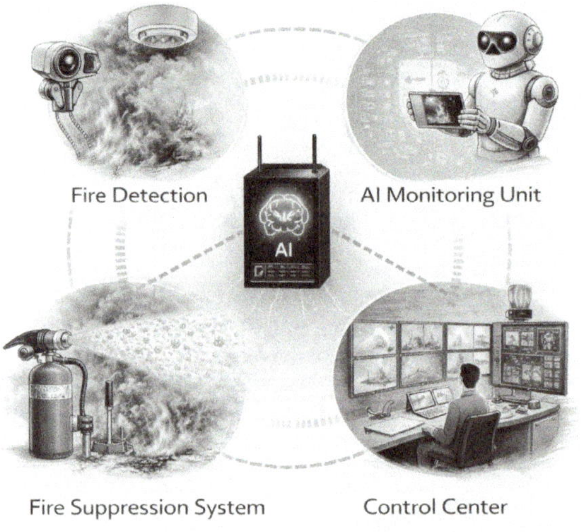

그림 12.7 AI 기반 지능형 소화 시스템의 구성도

2.5 예측 알고리즘을 이용한 소화약제 방출 최적화

- AI 기반의 데이터 분석을 통해 최적의 소화약제 방출 방식 도출
- 실시간 데이터 학습을 활용하여 소화약제의 분사량과 분사 방향을

최적화

- 화재 유형별 소화약제의 방출 패턴을 분석하여 맞춤형 대응 가능
- 머신러닝 기법을 적용하여 화재 확산 패턴을 분석하고 방출 전략 개선
- 자율 소화 시스템과 연계하여 자동 방출 제어 가능

그림 12.8 AI 기반 소화약제 방출 최적화 시스템의 개념도

3 산업별·시설별 최신 적용 사례

산업별, 시설별로 다양한 환경에서의 화재 위험 요소를 고려한 최신 소화 시스템이 적용되고 있다. 최신 기술을 적용한 소화 시스템은 전통적인 방법보다 더욱 효율적이며, 화재 발생 시 피해를 최소화할 수 있도록 설계된다. 특히, 전자 장비가 밀집된 데이터센터, 고위험성을 지닌 화학 공장 및 발전소, 특수 환경이 요구되는 해양 및 항공 산업에서 첨단 소화 기술이 도입되고 있다.

3.1 데이터센터 및 IT 시설에서의 신기술 소화 시스템 적용 사례

현대의 데이터센터 및 IT 시설은 고밀도의 전자 장비가 운용되는 공간으로, 화재 발생 시 장비 손상을 최소화하면서도 신속한 진압이 가능한 소화 시스템이 필수적이다. 이를 위해 비전도성 소화약제가 널리 사용되고 있다.

1. 비전도성 소화약제 활용

전기적 특성을 가지지 않는 소화약제를 사용하여 화재를 진압하면서도 전자 장비의 손상을 방지한다.

- 대표적인 비전도성 소화약제로는 HFC (Hydrofluorocarbon) 계열 소화약제와 FK-5-1-12 (Perfluoroketone)가 있으며, 이들은 화재를 효과적으로 억제하면서도 IT 장비에 영향을 미치지 않는다.
- FK-5-1-12는 특히 환경 친화적인 특성을 가지고 있어 기존 HFC 계열 소화약제보다 더욱 널리 적용되고 있다.

2. 고속 감지 및 자동 방출 시스템

- 화재 발생을 실시간으로 감지하여 즉각적인 소화약제 방출이 가능한 시스템이 도입되고 있다.
- 예를 들어, 광학식 연기 감지기와 적외선 센서를 조합한 조기 감지 시스템을 통해 화재 초기 단계에서 대응이 가능하다.

그림 12.9 데이터센터에서의 가스계 소화 시스템 적용 사례

3.2 화학 공장, 발전소, 대형 창고 등의 맞춤형 소화 기술

화학 공장과 발전소, 대형 창고는 화재 발생 시, 대형 사고로 이어질 위험이 크므로, 특수한 소화 기술이 요구된다. 이러한 시설에서는 복합적인 화재 유형을 고려한 맞춤형 소화 시스템이 적용되고 있다.

1. 복합 화재 대응 시스템

- 단일 소화약제로 대응이 어려운 환경에서는 다양한 소화 방식을 결합한 복합 시스템이 도입된다.
- **가스계+분말계 조합**: 전기 설비가 많은 곳에서는 가스계 소화약제(HFC, FK-5-1-12 등)와 분말 소화약제를 결합하여 화재를 신속하게 억제한다.
- **수계+포계 조합**: 대량의 가연성 물질을 저장하는 창고에서는 수계 소화 시스템(스프링클러)과 포 소화 시스템을 조합하여 대형 화재에 대비한다.

2. 대형 산업 시설에서 최적화된 맞춤형 소화 시스템 적용

- 고압 미세 분무 소화 시스템을 통해 화재 발생 시 최소한의 수분으로도 효과적인 진압이 가능하다.
- 특정 화학 반응을 억제하는 특수 소화약제(예 할로겐화합물 기반 소화제)를 도입하여 반응성 물질에 대한 화재 위험을 낮춘다.

그림 12.10 대형 창고에서의 맞춤형 소화 시스템

3.3 해양, 항공 및 우주 산업에서의 소화약제 응용

해양, 항공, 우주 산업에서는 가혹한 환경 조건에서도 효과적인 화재 진압이 가능해야 한다. 이에 따라 경량화된 소화 시스템과 특수 환경에 적합한 소화 기술이 개발되고 있다.

1. 우주선 내부 소화 시스템

- 무중력 상태에서도 작동 가능한 초임계 이산화탄소(Supercritical CO_2) 기반 소화 시스템이 연구되고 있다.
- 화재 발생 시 대류가 제한되는 우주선 환경에서는 국부적인 냉각 효과를 극대화한 소화 방식이 요구된다.

2. 항공기 화재 대응을 위한 저중량 소화약제 연구

- 항공기 내부 화재 대응을 위해 저중량 소화약제(예: 냉각 효과가 우수한 불활성기체)가 연구되고 있으며, 기존 소화 시스템보다 화학적으로 안정적인 물질이 도입되고 있다.
- 엔진 화재 대응을 위한 미세 분사형 소화 시스템이 개발되어 고온 환경에서도 효과적인 소화가 가능하다.

이러한 신기술 소화 시스템들은 산업별 특성을 반영하여 최적의 소화 성능을 제공하며, 향후 다양한 산업 분야에서 더욱 발전된 형태로 적용될 것으로 예상된다.

4 국제 규제 변화 및 시장 전망

4.1 국제 환경 규제 변화(유럽 및 미국의 소화약제 규제 강화)

국제적으로 환경 보호를 위한 규제가 강화되면서 소화약제 산업에도 큰 변화가 발생하고 있다. 유럽연합(EU)의 REACH(화학물질의 등록, 평가, 허가 및 제한) 규제와 미국 환경보호청(EPA)의 규제는 유해 화학물질 사용을 제한하고 있으며, 이에 따라 기존 소화약제의 대체 필요성이 대두되고 있다.

EU의 REACH 규제는 특정 화학물질의 등록 및 평가를 요구하며, 환경과 인체 건강에 미치는 영향을 최소화하는 방향으로 개정되고 있다. 불소계 소화약제(예: PFOA 및 PFOS)가 환경에 미치는 영향을 고려하여 점차 사용이 금지되거나 제한되고 있으며, 이와 관련한 대체 물질 개발이 활발하게 진행되고 있다.

미국 EPA 또한 오존층 파괴 및 지구온난화에 기여하는 소화약제에 대한 규제를 강화하고 있다. 특히, HFC(수소불화탄소) 기반 소화약제의 사용 제한이 논의되고 있으며, 이에 대한 저탄소 및 무독성 대체 물질 연구가 요구되고 있다.

그림 12.11 REACH 및 EPA의 소화약제 규제 변화

4.2 오존층 보호 및 탄소중립 목표에 따른 산업 변화

전 세계적으로 오존층 보호와 탄소중립(Net Zero) 목표를 달성하기 위한 움직임이 강화되고 있다. 이에 따라 소화약제 산업에서도 친환경 기술 개발이 필수적이다.

기존의 소화약제 중 일부는 오존층 파괴 및 온실가스 배출 문제를 유발하는 물질을 포함하고 있어, 대체 기술이 필요하다. 최근에는 무독성, 저탄소 및 생분해성 특성을 갖춘 새로운 소화약제 개발이 증가하고 있으며, 이러한 기술의 채택이 확대되고 있다. 또한, 대체 소화 시스템(예: 질소 및 아르곤을 이용한 가스계 소화 시스템)이 기존 불소계 소화약제를 대체할 가능성이 높아지고 있다.

이러한 변화는 기업들이 ESG(Environmental, Social, Governance) 경영 원칙을 준수하는 데에도 중요한 요소로 작용하고 있다. 친환경 제품을 사용하지 않을 경우 기업의 지속 가능성이 위협받을 수 있으며, 따라서 친환경 소화 기술 도입이 산업 전반에 걸쳐 필수적으로 고려되고 있다.

4.3 글로벌 소화약제 시장의 성장 전망

1. 차세대 친환경 소화약제 시장 규모 예측

환경 규제 강화 및 친환경 기술 개발의 확산에 따라 차세대 소화약제 시장의 성장이 예상된다. 시장 조사 기관의 분석에 따르면, 기존의 HFC 기반 소화약제 시장은 점진적으로 축소될 것이며, 대신 CO_2 기반, 질소 기반 및 친환경 액체 소화약제 시장이 빠르게 성장할 것으로 전망된다.

2. 산업별 소화약제 수요 변화

산업별로 소화약제 수요는 변화하고 있다. 예를 들어, 데이터센터 및 전자산업에서는 전기적 손상을 최소화할 수 있는 가스계 소화약제의 수요가 증가하고 있으며, 석유화학 및 제조업에서는 물리적 손상을 방지하면서도 환경친화적인 대체 소화 시스템이 요구되고 있다. 또한, 항공 및 해양 산업에서도 저온에서 안정적으로 작용하는 소화약제 개발이 중요해지고 있다.

그림 12.12 차세대 소화약제 시장 성장 전망

4.4 기술 발전에 따른 새로운 소화 개념 및 패러다임 변화

기술 발전에 따라 소화 시스템의 개념이 변화하고 있으며, 자율화된 스마트 소화 시스템이 도입되고 있다. 기존의 수동 또는 반자동 방식에서

벗어나, IoT(사물인터넷) 및 AI(인공지능) 기반의 스마트 소화 시스템이 점차 확대되고 있다.

스마트 소화 시스템은 실시간 데이터 분석을 통해 화재 감지 및 대응 시간을 단축할 수 있으며, 원격 모니터링 기능을 통해 화재 위험을 사전에 예방할 수 있다. 또한, 자율형 드론 소화 시스템과 로봇 기반 소화 기술이 연구되고 있으며, 이를 통해 보다 신속하고 효율적인 소화 작업이 가능해질 것으로 전망된다.

향후 소화 기술은 환경 보호, 자동화 및 고효율화라는 세 가지 요소를 중심으로 발전할 것이며, 이에 따라 관련 기술의 연구 개발 및 적용이 지속해서 확대될 것이다.

연습문제

01 기존 소화약제의 한계를 설명하고, 친환경 소화약제의 필요성을 논하시오.

02 친환경 소화약제 연구의 주요 방향성을 설명하시오.

03 나노소재를 활용한 소화약제의 장점과 단점을 비교하시오.

04 인공지능(AI)이 적용된 지능형 소화 시스템의 개념을 설명하시오.

05 데이터센터에서 기존 소화약제보다 신기술 소화약제가 필요한 이유를 설명하시오.

06 해양 및 항공 산업에서 요구되는 소화약제의 특성을 논하시오.

07 국제 환경 규제 변화가 소화약제 시장에 미치는 영향을 분석하시오.

참고문헌

- NFPA. (2023). Emerging Technologies in Fire Suppression.
- 한국소방학회. (2022). 소화약제 연구 개발 동향 보고서.
- IEEE Fire Protection Engineering. (2021). Nanotechnology and Fire Suppression Systems.
- UNEP. (2022). Environmental Impact of Fire Suppressants and Regulatory Trends.
- SFPE Handbook of Fire Protection Engineering. (2021).
- Fire Safety Journal. (2022). Advanced Fire Suppression Methods.
- Journal of Fire Sciences. (2023). Next-Generation Fire Suppressants.
- International Journal of Fire Protection. (2023). Environmental and Safety Considerations in Fire Suppression.

부록

부록

1 주요 소화약제 물성 및 성능 비교

1.1 소화약제의 물리적·화학적 특성

소화약제는 화재 진압을 위해 사용되는 물질로, 각 소화약제의 물리적·화학적 특성이 소화 성능과 적용 가능성에 영향을 미친다. 주요 특성은 다음과 같다.

물리적 특성: 밀도, 비열, 점도, 증기압, 유동성

화학적 성질: 반응성, 독성, 친환경성

1.2 밀도, 비열, 점도, 증기압, 유동성 비교

소화약제 별 물리적 특성을 비교하여 소화 성능에 미치는 영향을 분석한다.

1.3 화학적 성질 분석

소화약제의 반응성, 독성, 친환경성을 비교하여 안전성과 환경 영향을 평가한다.

1.4 소화약제 별 주요 성능

소화약제	주요 특성	냉각 효과	불연성 유지	환경 영향
물	열 흡수 효과	높음	없음	낮음
강화액	표면 장력 감소	중간	없음	중간
이산화탄소	산소 차단	없음	높음	중간
할론	화학 반응 억제	없음	높음	높음
분말 (ABC형)	연소 억제	없음	중간	중간

1.5 소화약제 별 특성 비교

1) 수계 소화약제: 물, 강화액(침윤제, 포)
   냉각 효과 비교
2) 가스계 소화약제: 이산화탄소, 할론, 불활성기체
   방출 방식 비교
3) 분말 소화약제: ABC형, BC형, D형
   소화 메커니즘 비교
4) 특수 소화약제: 에어로졸, 미분무수
   적용 환경 비교

1.6 산업별 적용 소화약제 요약표

1) 데이터 센터
   비전도성 가스계 소화약제(IG-541, FK-5-1-12) 적용
2) 화학 공장
   포 소화약제(AFFF), 분말 소화약제(ABC형, D형) 적용
3) 발전소·변전소
   불활성기체(IG-100, IG-55), CO_2 적용
4) 주방 시설
   주방 화재(K급) 특수 액체 소화약제 적용

2 소화약제 종류별 적용 화재 요약표

2.1 화재 유형별 적합한 소화약제 정리

화재 유형	적합한 소화약제
A (일반 가연물)	물, 강화액, ABC형 분말
B (유류)	포, 가스계, BC형 분말
C (전기)	가스계, 분말(B, C형)
D (금속)	특수 분말(D형)
K (주방)	특수 액체 소화약제

2.2 소화약제의 화재 대응 효율성 분석

- 각 소화약제의 화재 진압 능력 비교
- 환경 영향 평가
- 잔류물 문제 비교
- 소화약제 단독 사용 vs 복합 사용 (포+가스, 물+포 조합 등)

3 소화약제 시험 및 연구 관련 참고 자료

3.1 소화약제 시험 방법 개요

- 방출 시험 (분무 형태, 방출 속도)
- 연소 억제 시험 (열분해 및 불꽃 억제 효과)

3.2 환경 영향 평가

- 오존층 파괴 지수(ODP), 지구온난화 지수(GWP)
- 독성 평가 시험 (LC50, NOAEL)

3.3 주요 연구 및 논문 추천

- 소화약제의 화재 진압 효율성 연구 논문
- 친환경 소화약제 개발 논문
- AI 기반 지능형 소화 시스템 논문

3.4 국내외 소화약제 연구기관 및 학술지 목록

- **국내**: 한국소방산업기술원(KFI), 한국소방학회, 국립재난안전연구원
- **국제**: NFPA, UL, FM Global, UNEP, NFCC(UK)

4 법규 및 시험 기준 최신 정보 확인 방법

4.1 국내 소화약제 관련 법규 확인 방법

- 국가법령정보센터, 한국소방산업기술원(KFI), 소방청 공식 홈페이지 활용
- 최신 개정 법규 및 인증 기준 정기 확인
- 기업 및 연구소에서 법규 준수 여부 확인 절차 마련

4.2 국제 소화약제 규정 및 인증 기준 확인 방법

- NFPA, UL Solutions, FM Global, UNEP 홈페이지에서 최신 기준 확인
- 글로벌 규제 동향 파악을 위한 정기 세미나 및 컨퍼런스 참여

4.3 법규 개정 모니터링 및 적용 절차

- 법규 개정 사항 모니터링을 위한 전담 부서 운영
- 기업 및 연구소에서의 법규 준수 확인 및 내부 점검 프로세스 구축

5 소화약제 관리 및 유지보수 가이드

5.1 소화약제 저장 및 취급 시 유의사항

- 온도 변화에 따른 물리적 특성 변화 고려
- 고온·저온 환경에서의 저장 방법 최적화
- 압력 용기 관리 기준 준수

5.2 유지보수 및 교체 기준

- 소화약제의 노화 및 성능 저하 인식 방법 (색 변화, 점도 증가 등)
- 정기 점검 절차 및 교체 주기 설정
- 유통기한이 지난 소화약제의 폐기 방법 준수
- 소화약제 저장탱크 및 압력 용기의 점검 절차 상세화

소화약제 정가 20,000원

저자 : 이해평

발행인 : 임정대
발행처 : 도서출판 구미서관

발행 : 2026년 2월 1일

등록 : 제2014-000166호

주소 : 서울시 마포구 신촌로2길 5-15
전화 : 02-338-9119
팩스 : 02-335-2201

ISBN 979-11-89933-74-6 (93530)